ARMBAND UHREN

SPECIAL

ROLEX

ROLEX

Editorial

Hans Wilsdorf,
Vater der modernen Armbanduhr.

In diesem Sonderheft beleuchten wir die Geschichte und die Gegenwart der Marke Rolex und illustrieren sie anhand ausgewählter Artikel, die in den letzten Jahren in unserem Magazin erschienen sind. Nach drei Jahren war es Zeit für eine Neuauflage, denn in Genf, Biel und Köln ist viel geschehen.

Dieses Jahr feierte die legendäre Rolex Submariner ihren 70. Geburtstag in aller Stille. Mit der Deepsea Challenge holte Rolex den Wasserdichtheitsrekord für serienmäßig gefertigte Armbanduhren zurück ins Haus, lancierte mit der Extremtaucheruhr ganz nebenbei die erste Rolex mit Titangehäuse und verbaute bei der Platinversion der modellgepflegten Daytona zum ersten Mal bei einer Tool Watch serienmäßig einen Saphirglasboden. Im Frühjahr 2023 präsentierte Rolex mit der Perpetual 1908 erstmals seit Jahrzehnten ein völlig neues Uhrenmodell mit eigener Technik, das sich rasch zu einer eigenen Modellfamilie ausdehnen dürfte.

Die zweite Auflage unseres großen Rolex Special wurde um die wichtigsten Neuheiten und neuen Entwicklungen der letzten Jahre erweitert und in zahlreichen Details aktualisiert. Das betrifft sowohl die neuen Modelle und Varianten als auch die Modifikationen und Verbesserungen in der Uhrwerktechnik sowie den Ausbau von Produktionseinrichtungen und Ausbildungsprogrammen.

Die Nachfrage nach den hochwertigen und wertstabilen Rolex-Uhren scheint kontinuierlich zu steigen. Die Genfer Marke mit der Krone war noch nie so breit aufgestellt wie heute, und sehr wahrscheinlich wurden auch noch niemals zuvor so viele Uhren produziert. Über genaue Zahlen schweigt sich Rolex beharrlich aus, und seit auch die Schweizer Prüfstelle für Chronometer (COSC) die Zahl der ausgegebenen Chronometer-Zeugnisse nicht mehr publik macht, wären wir auf Spekulationen angewiesen. Doch in allen internationalen Rankings liegt Rolex in Bezug auf Umsatz und Rentabilität schon seit Jahren mit deutlichem Abstand vor dem nächsten Mitbewerber, und weil die Hans-Wilsdorf-Stiftung ihre Gewinne am Jahresende in das Unternehmen investiert, ist man in Genf und Biel – wo die Uhrwerke produziert werden – bestens für die Zukunft gerüstet.

Auch auf der Vertriebsseite hat der Stiftungsrat vorgesorgt und in einem überraschenden Schachzug den größten Handelspartner Bucherer gekauft, samt dem Vertriebsnetz mit 100 Filialen hauptsächlich in Europa und den USA. Das ist ein klares Bekenntnis zum Fachhandel, dem Rolex seit Jahrzehnten mit Beratung, Mitarbeiterschulung und Fortbildung zur Seite steht. Ein rücksichtsloses Ausdünnen der Vertriebsstruktur steht letztlich ebensowenig zu befürchten wie eine Konzentration auf «Monobrand-Erlebniswelten». Schließlich spielen die Uhren von Rolex besonders im direkten Vergleich mit dem Wettbewerb ihre Qualitäten am überzeugendsten aus.

Peter Braun

ROLEX
OYSTER PERPETUAL
SUPERLATIVE CHRONOMETER
OFFICIALLY CERTIFIED
COSMOGRAPH

Inhalt

Im Zeichen der Krone

Von dem französischen Struktursoziologen Claude Levi-Strauss stammt der Satz: «Mythen sind hohl und rund.» Will heißen: Wer die äußere Schale zerbricht, hält am Ende nichts in der Hand. Vielleicht noch treffender ist das Bild der Zwiebel, bei der nach der letzten Häutung nichts bleibt. Auch Mythen über Unternehmen und deren Produkte sind Schichten und Schalen aus Geschichte, und Geschichte wiederum entsteht aus bewusst Inszeniertem, aber auch aus Zufälligem, das erst im Nachhinein seine Bedeutung gewinnt. Nur in der Ballung, der sinnvollen Vernetzung und dem Wissen um die Distinktion der Ereignisse entfaltet sich daraus der Mythos einer Marke und ihrer Produkte. Besonders im Zeitalter der zunehmend extensiveren industriellen Produktion ist es die Marke, die dem Konsumenten Orientierung und Unterscheidung ermöglicht.

Hans Wilsdorf,
Gründer der Uhrenmarke Rolex,
in jungen Jahren.

EIN NAME WIRD ZUM BEGRIFF

Zu jenen Markenikonen, die zu Beginn des 20. Jahrhunderts ihren Siegeszug antraten, gehört zweifelsohne der 1908 eingetragene Kunstbegriff Rolex. Ein Name, erdacht vom deutschen Uhrenfabrikanten Hans Wilsdorf (1881–1960) aus Kulmbach, der sich angeblich von «horlogerie exquisite» ableiten soll. Belegt ist dies jedoch nicht.

Der Rolex-Firmengründer hatte es sich zum Ziel gesetzt, eine ganggenaue Armbanduhr zu präsentieren, die mit den damals noch dominierenden Taschenuhren konkurrieren konnte. Er war es auch, der die Grundwerte der Marke definierte, die bis heute den Markenkern bestimmen: höchste handwerkliche Qualität in Herstellung und Verarbeitung, größtmögliche Präzision, dazu Robustheit und Alltagstauglichkeit – bis hin zu Modellen für verschiedene Gebrauchszwecke unter Extrembelastungen.

Für den Mythos Rolex spielt er eine ähnliche Rolle wie Enzo Ferrari für die gleichnamige Automobilmarke: Der eine wollte der Welt den besten Rennwagen präsentieren, der andere die genaueste und widerstandsfähigste Armbanduhr.

Aber Wilsdorf war mehr als ein Uhrentechniker und Fabrikant, er war überdies ein begnadeter Verkäufer und dazu ein Fachmann für Marketing – eine Zunft, die damals noch unter dem Etikett «Propaganda» firmierte. Rasch hatte er erkannt, wie man Menschen als «Testimonials» einsetzt, um die Botschaft von Produkten zu transportieren. Mit ungeheurer Willensstärke und Entschlusskraft, versehen mit einem sicheren Instinkt, setzte er seine Ideen und Ideale um. Dabei hatte seine Biografie mit einem großen Schicksalsschlag begonnen: Mit 12 Jahren verlor er kurz hintereinander beide Elternteile, zuerst die Mutter, dann den Vater. Um ihn und seine beiden Geschwister kümmerte sich nun die Verwandtschaft, die das väterliche Geschäft veräußerte und den erzielten Ertrag gewinnbringend anlegte.

Nach der Zeit im Internat in Coburg sowie dem Abitur absolvierte er eine kaufmännische Lehre bei einem Mann in Bayreuth, der mit Kunstperlen einen weltweiten Handel betrieb. Das Kaufmännische lag ihm; gleichzeitig hatte er großes Interesse an Uhrentechnik und Fremdsprachen. So ging er mit knapp 20 Jahren in die Schweiz nach La Chaux-de-Fonds zu einer großen Uhrenexportfirma. Für 80 Franken im Monat erledigte er die englische Korrespondenz, machte Büroarbeiten und zog täglich die Taschenuhren auf, mit denen das Unternehmen handelte.

Die Präzision der Zeitmessung wurde schnell zu seiner Obsession. Von einem Teil seines väterlichen Erbes kaufte er drei goldene Taschenuhren und ließ deren Genauigkeit an einer Sternwarte durch Gangzeugnisse protokollieren. Danach verkaufte er die Uhren gewinnbringend.

Bevor er 1903 in das damalige Zentrum der industriellen Welt nach London zog,

absolvierte Wilsdorf in der Kaiserlichen Armee des Deutschen Reichs seinen einjährigen Wehrdienst. 1905 gründete er in London zusammen mit dem wesentlich älteren Alfred James Davis eine eigene Uhrenhandelsfirma unter dem Namen «Wilsdorf & Davis». Sein Kapital musste er sich teilweise von Bruder und Schwester leihen, denn bei der Überfahrt nach England hatte man ihm seine 30.000 Goldmark aus dem väterlichen Erbe gestohlen.

Waren es die Taschenuhren gewesen, die Interesse und Begeisterung für die Welt der Uhren geweckt hatten, so war es jetzt vor allem die Branchenneuheit Armbanduhr in einem sich rasch entwickelnden Markt. Bei der Uhrwerkfabrik Aegler in Biel kaufte er eine solche Menge an hochwertigen kleinen Ankerwerken, dass die zu zahlende Summe den fünffachen Betrag des Firmenkapitals betrug. Doch sein Plan ging auf und der Erfolg gab ihm recht.

Schon 1907 eröffnete das florierende Unternehmen eine Dependance in La Chaux-de-Fonds. 1908 gehörte Wilsdorf & Davis zu den größten Firmen im europäischen Uhrenhandel und hatte 200 Modelle im Programm. Die Uhren gelangten anonym oder mit dem Logo des jeweiligen Händlers in den Verkauf. Lediglich die Gehäuse waren

Die Extremsportlerin Mercedes Gleitze durchschwamm den Ärmelkanal mit einer Rolex, die sie wahrscheinlich nicht am Arm, sondern um den Hals trug.

Oyster Viceroy (1940) im Bicolor-Gehäuse, Prince Brancard Chronometer «Observatory Quality» (1936) und eine Oyster «Kanalschwimmeruhr» (1935).

Mit automatischem Aufzug und wasserdicht verschraubter Krone war die «Auster» ab 1931 perfekt. Im Bild oben eine Oyster Perpetual Chronometer von 1939.

mit «W/D» für «Wilsdorf & Davis» gestempelt. Das missfiel dem Patron ebenso wie die Tatsache, dass Armbanduhren zu dieser Zeit noch fast ausschließlich der Damenwelt vorbehalten waren und als «unmännlich» galten.

GEGEN ALLE WIDERSTÄNDE

Als ersten Schritt dachte er sich dazu einen Produktnamen aus, über den er in seinem Vademecum schreibt: «Er war so kurz und dabei so einprägsam, dass daneben auf dem Zifferblatt noch der Name des englischen Händlers genügend Platz fand. Was aber besonders wertvoll war: ROLEX klingt gut, ist leicht zu behalten und wird zudem in allen europäischen Sprachen gleich ausgesprochen.»

Es sollten 20 Jahre vergehen, bis sich der neue Name etabliert hatte. Anfänglich hatte Wilsdorf einen Trick angewendet: In den Sechser-Schachteln wurden jeweils nur zwei Uhren mit «Rolex» beschriftet, später dann drei oder vier, und so konnte sich der Name auch in den Schaufenstern der Händler durchsetzen.

Natürlich musste das junge Unternehmen einen Qualitätsbeweis für kleine Uhrwerke erbringen. Konnten die zierlichen Damenuhren den respektablen Chronometern in den Westentaschen der Herren in Sachen Genauigkeit Paroli bieten? Sie konnten!

Schon 1910 hatte Wilsdorf in Biel ein Gangzeugnis erster Klasse für ein Armbanduhrwerk mit 24,81 mm Werkdurchmesser erhalten. 1914 gelang Rolex das Kunststück bei der Sternwarte Kew in England: Dort wurde die erste Armbanduhr mit einem Gangschein der Klasse A geehrt, weil sie die Gangleistung eines Marinechronometers erbracht hatte. Schlagartig gehörte Wilsdorf damit zum Kreis der renommiertesten Uhrmacher Englands – und das mit einer Armbanduhr!

Die Uhrwerke lieferte die Firma Aegler in Biel, hinter der Jan Aegler mit seinem 1878 gegründeten Betrieb stand. Seit 1881 hatte die Firma ihren Sitz in Rebberg bei Biel und exportierte seit 1900 Damenarmbanduhren in die ganze Welt – ausgenommen England (ab 1913), um den wichtigen Geschäftspartner Rolex nicht zu konkurrenzieren. 1914 wurde die Firma unter dem Namen «Aegler SA, Rolex Watch Company» in eine Aktiengesellschaft umgewandelt. Sie beschäftigte 200 Mitarbeiter und war der Exklusivlieferant für «Wilsdorf & Davis Rolex Watch Company». Als Unternehmen blieb Aegler selbstständig – ein Zustand, der sich erst 2004 ändern sollte, als Rolex-Präsident Patrick Heiniger das Unternehmen für die stolze Summe von 2,5 Milliarden kaufte und sodann in die Rolex SA eingliederte.

DER KRIEG ALS VATER ALLER DINGE

«Bellum omnium rerum pater est», so spricht der Lateiner, und in Bezug auf die Armbanduhr mag dies auch tatsächlich zutreffen. Die zahlreichen englischen Kolonialkriege und nicht zuletzt der Erste Weltkrieg beförderten die Uhr ans Handgelenk – an jenen Ort, wo sie schnell und unkompliziert abgelesen werden konnte.

Diese Entwicklung brachte Rolex den erwünschten geschäftlichen Erfolg, auch wenn 1919 mit der Erhöhung der englischen Einfuhrzölle auf 33,3 Prozent das Aus für die Wilsdorf & Davis Rolex Watch Company kam. Die Exportaktivitäten wurden an das Bieler Büro übertragen, Wilsdorf selbst zog mit seiner Frau nach Genf. 1920 erfolgte die Umbenennung der Firma in «Montres Rolex SA», nachdem sich Wilsdorf vom ungeliebten Partner getrennt hatte. Die Fertigung der Werke erfolgte weiter in Biel, die Gehäuseproduktion und die Montage der Uhren in Genf. 1925 kam zum Markennamen das Markensymbol in Form einer fünfzackigen Krone hinzu, die von 1939 bis heute alle Rolex-Uhren ziert.

Die Geschichte des Unternehmens ist geprägt vom zähen Ringen um die Perfektionierung der Armbanduhr, was durch offizielle Prüfzeugnisse stets aufs Neue bestätigt wird. Die Observatorien von Kew, Genf und Besançon werden zu wichtigen Anlaufstellen, und im Grunde hat Rolex diese Politik der unabhängig geprüften Uhr bis in die heutige Zeit nicht aufgegeben. Noch immer ist Rolex der Uhrenhersteller mit den meisten zertifizierten Chronometern weltweit. Schon 1968 hatte Rolex bei Chronometern die Millionengrenze erreicht, bis heute dürften es insgesamt weit über 30 Millionen produzierte Rolex-Uhren mit Zertifikat sein. Und jedes Jahr kommen knapp eine Million Chronometer hinzu.

HERMETISCH VERSCHLOSSEN

Wasser, d. h. Feuchtigkeit, war von Anfang an ein natürlicher Feind mechanischer Uhrwerke. Wasserdichte Taschenuhren gab es im Grunde nie, und es sollte bis in die 1920er Jahre dauern, bis eine Gehäusekonstruktion auf dem Markt erschien, die es möglich machte, das Uhrwerk hermetisch gegen äußere Einflüsse abzuschirmen. Rolex war ein wichtiger Wegbereiter dieser Entwicklung. Neben mechanischer Robustheit und dem Erreichen hoher Gangleistungen war Wasserdichtheit das erklärte Ziel von Wilsdorf. Verwirklicht wurde dieses durch sorgsam abgedichtete, gegeneinander verschraubte Gehäuseteile, eine Krone mit Schraubgewinde und Dichtung sowie ein formschlüssiges Glas. Ein Name war schnell gefunden: «Oyster» – die Auster als Symbol des hermetischen Verschlusses.

Das Patent für die erste «Auster» wurde 1926 erteilt, so konnte die Neuheit der erstaunten Öffentlichkeit präsentiert werden. Als die junge englische Stenotypistin Mercedes Gleitze am 27. Oktober 1927 den Ärmelkanal in 15 1/2 Stunden durchschwommen hatte, war Wilsdorf auf die junge Extremsportlerin aufmerksam geworden. Als diese Ende Oktober eine zweite Überquerung in Angriff nahm, trug sie eine Rolex Oyster und machte damit für alle Welt deutlich, dass der Durchbruch der wasserdichten Armbanduhr erfolgt war. Obwohl Mercedes nach ca. 10 Stunden wegen zu großer Kälte 11 Kilometer vor der Küste aufgeben musste, war es ein Erfolg, dass eine Armbanduhr dem Element so lange standgehalten hatte. In einer ganzseitigen Anzeige auf dem Titelblatt der *Daily Mail* vom 24. November 1927, die Wilsdorf 40.000 Schweizer Franken kostete, wurde der Triumph verkündet. Plötzlich war Rolex, «die Wunder-Uhr, die den Elementen trotzt», in aller Munde. Als weiteren Werbegag verwendete Rolex kleine Aquarien, in denen die Konzessionäre den erstaunten Schaufensterguckern die Uhr von einem Goldfisch umschwommen präsentieren konnten.

Schnell jedoch stellte sich heraus, dass die verschraubte Krone der Schwachpunkt der Konstruktion war, musste diese doch zum täglichen Aufziehen der Uhr geöffnet und geschlossen werden, wodurch sie einem nicht unerheblichen Verschleiß unterlag. So entwickelte man 1931 einen automatischen Aufzug mit umlaufendem Rotorgewicht, der 1933 patentiert wurde und, so darf man mit Fug und Recht behaupten, die Entwicklung der Armbanduhr revolutionierte – wenn auch erst, als der Patentschutz abgelaufen war und andere Hersteller das System übernahmen.

AUTOMATISCH AUFGEZOGEN

Die Oyster mit der Referenznummer 1858 war die erste Rolex mit Rotormechanismus. Nach sechsstündiger Tragezeit sei Vollaufzug hergestellt, versprach die Werbung. Sie tat dies jedoch nicht, ohne hinzuzufügen, dass sich die Uhr auch wie bisher über die Krone mit Energie versorgen lasse.

1945 ging das um Mitternacht schlagartig umspringende Datum in Serie. Dies war die Geburtsstunde der «Datejust». In diesem Jahr wurde in Biel auch der 50.000ste Chronometer zertifiziert.

André J. Heiniger übernahm nach Wilsdorfs Tod 1963 die Präsidentschaft der Montres Rolex SA und der Hans-Wilsdorf-Stiftung. Im Bild links eine Rolex Oyster Datejust Chronometer von 1952.

Mit innovativer Technik, konservativer Modellpolitik und neu strukturierten Produktionseinrichtungen startete Rolex ins 21. Jahrhundert.

Patrick Heiniger übernahm 1992 den Vorsitz der Montres Rolex SA und stellte die Weichen für die komplette Vertikalisierung der Produktion.

Die Chronologie der Errungenschaften findet sich noch heute auf jedem Rolex-Zifferblatt. «Superlative Chronometer Officially Certified» erinnert an die strengen Prüfkriterien, «Oyster» an die wasserdichte Gehäusekonstruktion, «Perpetual» an den von Rolex entwickelten automatischen Aufzug und «Datejust» an das genau um Mitternacht springende Datum. Hier ist komprimierte Geschichte einer langen technischen Entwicklung auf engstem Raum dokumentiert.

Rolex baute auch luxuriöse, elegante und weniger für den sportlichen Einsatz konzipierte Uhren: Die «Prince», eine Rechteckuhr mit Handaufzugs-Formwerk und dezentraler Kleiner Sekunde, die Ende 1928 auf den Markt kam, zielte auf die Welt der Reichen und Schönen – «The Watch for Men of Distinction», so die zeitgenössische Werbung. Zum silbernen Kronjubiläum von König Georg V. wurden 400 Uhren dieses Typs geordert, natürlich auch als zertifizierte Chronometer.

Das Modell war so erfolgreich, dass es 40 Jahre im Programm blieb und jüngst sogar eine Wiederbelebung erfuhr – auch dies ist ein Markenzeichen der Firma, den Kunden nicht mit hektischen Modellwechseln zu verunsichern. Den markeninternen Rekord hält bei Rolex mittlerweile die «Submariner», die nunmehr seit 70 Jahren gebaut wird, ohne auch nur im Mindesten antiquiert zu wirken. Man stelle sich diesen Bauzeitraum bei einem Automobil vor: Da müsste Mercedes-Benz heute noch den «Flügeltürer» aus dem Jahr 1955 in modifizierter Form anbieten. Eigentlich ein reizvoller Gedanke …

DAS STIFTUNGSMODELL

1944 ereilte Wilsdorf ein schwerer Schicksalsschlag: Seine Frau May Florence starb. Da die Ehe kinderlos geblieben war, übertrug er seine Aktien an der Montres Rolex SA auf die Hans-Wilsdorf-Stiftung. Dies war ein weiser Entschluss hinsichtlich des Fortbestehens des Unternehmens, wie auch andere Unternehmen, die als Stiftungsmodelle fungieren, unter Beweis gestellt haben – so etwa der Kolbenhersteller Mahle oder auch die Firma Bosch, beide in Stuttgart ansässig. Aus all diesen Stiftungsmodellen, so auch im Falle von Rolex, flossen und fließen nicht unerhebliche finanzielle Mittel an wissenschaftliche, karitative oder soziale Projekte in aller Welt.

Den 70. Geburtstag des beliebten Patrons feierte man 1951 mit einem viertägigen Fest in Genf – galt es doch auch, seiner 50 Jahre im Dienst der Zeitmessung zu gedenken und überdies 25 Jahre Oyster-Gehäuse und 20 Jahre Automatikaufzug zu feiern. Trotz seines fortgeschrittenen Alters bestimmte Wilsdorf weiterhin die Geschicke des Unternehmens, auch wenn ihm nun zwei weitere Direktoren zur Seite standen. Während der Sommermonate lebte er zusammen mit seiner zweiten Frau auf der Südseite des Genfer Sees. Jeden Morgen fuhr ihn sein Chauffeur Rüttimann im Mercedes-Benz – einer Marke, der er seit 1935 die Treue hielt – zum Dienst.

Als er 1960 im Alter von 79 Jahren starb, war dies das Ende einer Ära. Ab 1963 leitete sein Vertrauter André J. Heiniger als Präsident der Montres Rolex SA und der Hans-Wilsdorf-Stiftung die Unternehmensgeschicke bis 1992, dann übernahm dessen Sohn Patrick die Firmenleitung. Unter seiner Führung begann Rolex die systematische Vertikalisierung aller Produktionsmittel und die Integration sämtlicher Zulieferer, die zum Ausbau der Uhrwerkproduktion in Biel und zur Errichtung eines neuen Fertigungszentrums im Genfer Vorort Plan-les-Ouates führte.

EXPANSION UND INTERNATIONALISIERUNG

Bis 1965 hatte man bei der Montres Rolex SA unter mehr als beengten Verhältnissen auf drei Etagen in der Rue du Marché gearbeitet, einige der 400 Mitarbeiter waren auf benachbarte Gebäude verteilt. In der Uhrwerkproduktion in Biel arbeiteten zu dieser Zeit etwa 250 Personen.

Seit die Weltwirtschaftskrise der 1930er Jahre und die damit einhergehende Abwertung des Pfunds den englischen Markt zu einem schwierigen Terrain gemacht hatten, setzte man bei Rolex auf Internationalisierung. Dieser wurde durch weltweite Niederlassungen Rechnung getragen, um die sich Hans Wilsdorf in den 1950er Jahren noch höchstpersönlich kümmerte.

Den Umzug der Firma 1965 in die neuen Gebäude an der Rue François-Dussaud hat Wilsdorf nicht mehr miterlebt, wohl aber den Start der neuen Oyster-Modelle für Profis und Spezialisten, die 1953 mit dem «Turn-O-Graph» und der Taucheruhr Submariner begannen. Strapazierfähige, sportliche Gebrauchsuhren für Bergsteiger, Piloten, Taucher, Ozeanologen, Rennfahrer, Wissenschaftler und Abenteurer bilden bis heute das moralische Rückgrat der Marke, die auf der anderen Seite mit von Brillanten besetzten Sportuhren aus Edelmetall einen eher eigenwilligen Kundengeschmack bedient. Trotz einiger Modelle mit Mondphase oder Vollkalender und sogar einem Schleppzeiger-Chronographen blieb Rolex seinem minimalistischen Prinzip über ein Jahrhundert lang treu. Kein Tourbillon, kein Carillon, kein Ewiger Kalender und schon gar keine «Grande Complication» schmücken die Produktgeschichte. Dem Glanz der Marke hat dies nicht geschadet, im Gegenteil.

Rolex hat mit seinen wenigen, aber durchdachten Modellen ein Jahrhundert Armbanduhrengeschichte maßgeblich geprägt.

DR. HARRY NIEMANN

Gian Riccardo Marini (links) folgte «ad interim» auf die kurze Präsidentschaft von Bruno Meier (2008–2011) und übergab 2014 die Geschicke an Jean-Frédéric Dufour (rechts).

Der lange Weg zur Sportuhr

Wohl kein Uhrendesign hat das Bild der klassischen Sportuhr mehr geprägt als die Rolex Oyster. Allen voran die Submariner, aber auch die GMT-Master und die Explorer, die in ihren unterschiedlichen Ausführungen den neuen Uhrentyp der «Tool Watch» geprägt haben: hochwertige Uhren für die verschiedensten Anforderungsprofile, die in enormen Höhen, bei extrem niedrigen oder absurd hohen Temperaturen, in großer Wassertiefe oder bei sehr starken Magnetfeldern zuverlässig funktionieren. Dazu kamen die Chronographen, die es in einer zunehmend von Geschwindigkeit dominierten Welt gestatteten, auch die kleinste Zeiteinheit exakt zu erfassen.

Links: Rolex Oyster Perpetual «Bubble Back» mit verdeckten Bandanstößen («hooded lugs»).
Das große Bild zeigt die 2007 erfolgreich neu aufgelegte «Milgauss» mit einem Magnetfeldschutz bis 80.000 A/m.

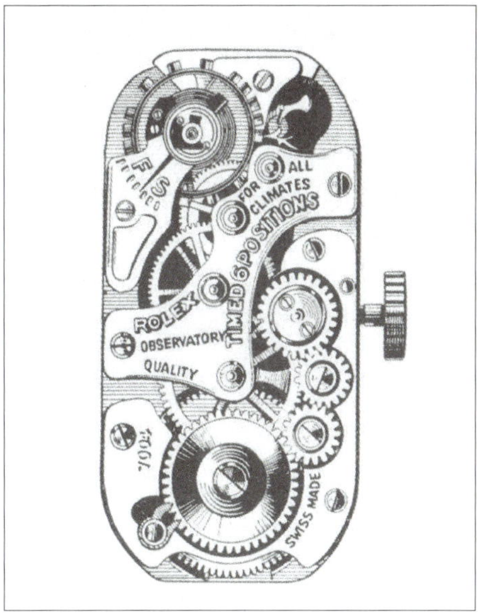

Rolex Prince von 1935 mit charakteristischer Zifferblattaufteilung. In der Mitte ein frühes Prince-Handaufzugswerk, reguliert in sechs Positionen «for all climates». Rechts die Neuinterpretation der Prince von 2005 mit Handaufzugswerk, die im Markt indes nicht reüssierte.

Sir Edmund Hillary trug bei der Erstbesteigung des Mt. Everest eine Oyster wie die im mittleren Bild dargestellte. In den 1930er Jahren entwickelte und produzierte Rolex Taucheruhren für die Officine Panerai.

Populär wurde die Marke Rolex Ende der zwanziger Jahre mit dem Modell «Prince», einer eleganten Rechteckuhr mit zweigeteiltem Zifferblatt: Der dezentrale Sekundenzeiger verfügte über einen ebenso großen Skalenkreis wie die Zeitanzeige mit Stunden- und Minutenzeiger. Die Uhr wurde ab 1928 in unterschiedlichen Gehäusevarianten offeriert, unter anderem als «Railway» mit seitlich abgestuftem oder als «Brancard» mit tailliertem Gehäuse, zum Teil auch in verschiedenen Edelmetall-Kombinationen. Das 18-steinige Formwerk Kaliber T.S. Ref. 300 hatte die Abmessungen 16,9 x 32,7 mm. Es besaß eine Schwanenhals-Feinregulierung, war meistens nach Chronometernorm reguliert und verfügte über eine stabile Lagerbrücke für die Unruh. Dadurch unterschied es sich von den anderen Werken «von der Stange». Der Produzent Aegler lieferte auch an andere Hersteller wie Gruen und Alpina – ein Umstand, der es Fälschern heute leicht macht, neue «Prinzen» herzustellen; Sammler sollten entsprechend vorsichtig bei allzu günstigen Angeboten sein. Apropos: Rolex präsentierte 2005 eine zeitgemäße Neuinterpretation dieses Modells, Chronometer-zertifiziert mit Handaufzug, indes ohne Markterfolg.

Während es sich bei den frühen Formuhren ebenso wie bei den Chronographen und den «Pre-Oyster»-Modellen um Handaufzugswerke handelte, wurden die wasserdichten «Austern» bald mit dem exklusiv von Aegler in Biel für Rolex gefertigten Perpetual-Kaliber gebaut, für dessen beid-

seitig aufziehende Rotorautomatik 1933 ein Patent erteilt wurde. Ihren posthum erworbenen Spitznamen «Bubble Back» verdanken diese frühen Automatik-Modelle ihrem bauchigen Gehäuseboden, der Platz für den Rotor schaffte. Auch durch ihre elegant integrierten Bandanstöße unterschieden sich die neuen Uhren von anderen Rundmodellen, die mit angelöteten Drahtbügeln zur Bandbefestigung noch sehr an umgebaute Taschenuhren erinnerten. Mit der «Hooded Bubble Back», die im Sommer 1938 mit verdeckten Bandanstößen auf den Markt kam, wurde erstmals auch ein Bicolor-Modell in Stahl/Gold angeboten. Hier debütierte auch das Rolex-typische Metallband, das eine optische Einheit mit der Uhr bildet. Bis zum heutigen Tag prägt es nachhaltig den optischen und haptischen Eindruck der Sportuhrenlinie.

Untere Bilder: Das «Kew A»-Kaliber wurde Ende der 1940er Jahre speziell für Chronometerwettbewerbe entwickelt.

ROBUST UND SPORTLICH

Schon 1936 hatte Rolex für die in Florenz ansässige Firma Panerai eine wasserdichte Uhr für die italienische Kriegsmarine entwickelt. Die ersten Prototypen der «Radiomir» wurden sogar bei Rolex gefertigt. Doch die große Erfolgsstory der Marke begann 1953 mit der Taucheruhr «Submariner», der allerdings der «Turn-O-Graph» vorausgegangen war, eine sogenannte «Tool Watch» («Werkzeug-Uhr») mit drehbarer Lünette, von Rolex als einfacher Chronograph annonciert.

1953 wurde auch die Explorer vorgestellt, 1954 folgten die GMT-Master mit zweiter Zeitzone und zusätzlichem 24-Stunden-Zeiger und die «Milgauss», die Magnetfeldern bis 1000 Gauß widerstand. Die 1956 eingeführte «Day-Date» bietet mit der Anzeige von Wochentag und Datum die für den Geschäftsmann wichtigen Informationen. Die einfachere «Datejust», deren Datumsanzeige exakt um Mitternacht umspringt, war vom Start weg auch als Damenuhr erhältlich, und Rolex setzte seinen ganzen Ehrgeiz daran, die zierlichen Uhrwerke ebenfalls als Chronometer zertifizieren zu lassen – kein leichtes Unterfangen!

1961 präsentierte Rolex den Cosmograph Daytona, 1971 die Sea-Dweller 2000 (wasserdicht bis 610 m), 1980 die Sea-Dweller 4000 (bis 1220 m) und 1983 die GMT-Master II. Ebenfalls in den 1970er Jahren erschien die Explorer II, die – eigens für Höhlenforscher gedacht – über eine 24-Stunden-Anzeige verfügte. 1992 wurde mit der «Yacht-Master» ein neuer Produktname kreiert, während das Modell «Air-King» als preiswerte Oyster ohne Datumsanzeige zu den mit am längsten gebauten Modellen gehört.

Viele dieser Modelle sind bis heute im Programm, permanent weiterentwickelt und verbessert, jedoch für den Laien oftmals kaum von den Urmodellen unterscheidbar. Auch die «Milgauss», deren erster Produktionszyklus 1988 auslief, ist seit 2007 in überarbeiteter Version wieder verfügbar.

WERBETRÄGER

Schon früh verstand es Rolex, prominente Kunden – Sportler, Wissenschaftler, Künstler, Abenteurer oder Extrembergsteiger – für die Marke zu gewinnen. Der erfolgreichste Motorsportler der 1930er Jahre, Mercedes-Benz-Werksrennfahrer Rudolf Caracciola, ging mit einem Rolex-Chronographen an den Start, ebenso der «schnellste Mann der Welt», Geschwindigkeitsrekordhalter Sir Malcolm Campbell, sowie die Weltklasse-Golfer Arnold Palmer, Jack Nicklaus und Gary Player. Die Chronographen von Skifahrer Jean-Claude Killy und Schauspieler Paul Newman werden in Sammlerkreisen heutzutage mit dem Namen ihrer Träger assoziiert.

Bei der Erstbesteigung des 8848 Meter hohen Mount Everest 1953 durch Sir Edmund Hillary und Tensing Norgay war ebenso eine Rolex dabei wie 1960 beim Tauchgang der «Trieste», als Jacques Piccard im Pazifik in eine Tiefe von 10.910 Meter vordrang.

Für die variantenreiche Sportuhrenfamilie fand zumeist ein Basiswerk mit

Am Rumpf des Tauchboots «Trieste» von Jacques Piccard erreichte eine spezielle Oyster mit armiertem Gehäuse und Dom-Glas die tiefste Stelle des Pazifiks im Marianengraben, 10.910 m unter dem Meeresspiegel.

Automatikaufzug Verwendung, das den Einsatzzwecken entsprechend durch Magnetfeldschutz, zweite Zeitzone, 24-Stunden-Anzeige usw. modifiziert wurde. 1950 begann diese Entwicklung mit dem Kaliber 1030, das einen Durchmesser von 28,5 mm und eine Höhe von 5,85 mm hatte. Die Schwingfrequenz betrug moderate 18.000 A/h. Das Werk verfügte über 25 Steine und eine Schraubenunruh mit Regulierscheibchen, Breguet-Spirale und Chronometerregulierung. 1957 folgte das Kaliber 1530 mit gleichem Durchmesser, aber 26 Steinen. Abgeleitet von diesem Werk wird 1963 bei den Kalibern 1520 und 1580 die Halbschwingungszahl auf 19.800 A/h erhöht. Die Schraubenunruh mit zwei Regulierschrauben («Micro-Stella») fand beim Kaliber 1555, ebenfalls eine Ableitung vom Kaliber 1530, Verwendung.

Unter der Kalibernummer 3035 (Durchmesser 28,5 mm, Höhe 6,35 mm) wurde 1977 ein komplett neues Werk präsentiert. Es verfügte über 27 Steine, die Schwingungszahl betrug nun 28.800 A/h. Die letzte Ausbaustufe in dieser Reihe war das 1990 vorgestellte Kaliber 3135, das noch einmal in zahlreichen Details verbessert wurde. Diese konservative Modellpolitik schlägt sich auf die Qualität nieder: Die ausgereifte Technik ist ein Garant für die bedingungslose Zuverlässigkeit und die exzellenten Gangwerte der Rolex-Uhren.

EINE WELT FÜR SICH

Eine besondere Rolle spielten bei den Rolex-Sportuhren stets die Chronographen. Diese sind nicht nur als Neuuhren begehrt

2003 präsentierte Rolex eine Jubiläums-Submariner zum 50. Geburtstag des Erfolgsmodells. In der Mitte die Rolex Oyster Perpetual Submariner, das Urmodell von 1953. Rechts das lange Zeit in den meisten Oyster-Herrenmodellen verwendete Automatikkaliber 3135.

Rekordhalter: 2017 wurde eine Daytona mit «Paul Newman»-Zifferblatt aus dem Besitz des namensgebenden Schauspielers für 17,7 Mio. Dollar versteigert und damit zur teuersten Stahl-Armbanduhr der Welt.

Links: Die Daytona erhielt im Jahr 2000 ein eigenes Rolex-Kaliber mit der Bezeichnung 4130.

und gesucht (speziell die künstlich knapp gehaltenen Varianten im Edelstahlgehäuse), auch historische Modelle erzielen bei Auktionen Spitzenpreise – bis zum Zwanzigfachen ihres einstigen Ladenpreises.

Die frühen Rolex-Chronographen mit Ein-Drücker-Steuerung (ab ca. 1930) waren mit dem 13-linigen VZ oder dem 10 ½-linigen 69 ausgestattet, beides Schaltradkaliber von Valjoux. Es waren, dem Zeitgeschmack entsprechend, zierliche Uhren mit einem Durchmesser zwischen 28 und 32 mm. Erst mit der Ablösung des VZ-Kalibers durch das Valjoux 22 (14 Linien, entsprechend 32 mm Werkdurchmesser) wurden die Uhren größer, und neben den traditionellen Chronographen mit rundem Gehäuse wurden auch quadratische Gehäuse verwendet. Mit 44 mm auch für heutige Verhältnisse imposant dimensioniert war der seltene Schleppzeiger-Chronograph mit dem Kaliber Valjoux 55 VBR.

Nach Valjoux 22 und 23 folgte etwa ab 1948 das Valjoux 72, das bis in die 1980er Jahre hinein die meisten Rolex-Chronographen und ihre Derivate von der Kalenderuhr, dem «Cosmograph» (am Anfang noch ohne den Zusatz Daytona) bis hin zur letzten Daytona mit Handaufzug (Referenz 6265 und 6263) antreiben sollte. In der Goldausführung, sowohl mit 14 als auch mit 18 Karat, wurde die Uhr mit dem Kaliber 727 sogar erstmalig als zertifizierter Chronometer angeboten.

Als Valjoux 72 C mit Monats-, Wochentags- und Datumsanzeige kam das Werk auch in den sogenannten «Pre-Daytona» zum Einsatz. Die Referenz 81806 mit Mondphase, die zu Beginn der 1950er Jahre im Handel war, wurde nur in homöopathi-

Sogenannte «Pre-Daytonas»: Handaufzugschronograph von ca. 1935, Kalender-Chronograph «Jean-Claude Killy» (1954), benannt nach dem französischen Ski-Ass, und rechts der verkannte James-Bond-Cosmograph (Ref. 6238) von 1966.

schen Dosen gebaut und ist heute exorbitant teuer, obwohl es das verwendete Valjoux 88 auch bei anderen Marken gab.

Mit einem Gehäusedurchmesser von 40 mm und einem 13-linigen Automatikwerk auf Basis des Zenith 400 («El Primero») präsentierte Rolex 1988 den ersten Automatik-Chronographen seiner Geschichte. Die Unruh im Rolex Kaliber 4030 schwang im Gegensatz zum Zenith-Basiswerk mit reduzierter Frequenz (28.800 statt 36.000 Halbschwingungen) zur besseren Ölhaltung und zur Verbesserung der Zuverlässigkeit, dennoch waren alle Modelle nun als Chronometer zertifiziert.

Bei den ersten Modellen reichte die gravierte Tachymeterskala auf der Lünette von 50 bis 200 km/h, später dann von 60 bis 400 km/h.

Im Jahr 2000 präsentierte Rolex mit dem Chronographenkaliber 4130 erstmals eine komplette Eigenentwicklung. Der von einem Schaltrad gesteuerte Chronograph baut flacher als sein Vorgänger und verfügt auch über eine größere Gangreserve (72 Stunden). Die moderne Konstruktion besitzt eine Unruhbrücke und eine vertikale Friktionskupplung, die ein Springen des startenden Sekundenzeigers verhindert und zudem einen verschleißfreien Dauerbetrieb des Chronographen ermöglicht.

BRIEFMARKENSAMMLER

Ähnlich wie in der Philatelie geht es beim Sammeln von Rolex «Tool Watches» oftmals um Kleinigkeiten, winzige Besonderheiten und seltene (limitierte) Versionen. Marginalien entscheiden mitunter über erhebliche Preisdifferenzen von mehreren Tausend Euro.

Eine Handaufzugs-«Daytona» (angeboten bei den Referenzen 6265/6264/6263/6262/6241/6240/6239) mit einem seltsam leer anmutenden Zifferblatt – von Sammlern ehrfurchtsvoll «Paul Newman» genannt, weil dieser die Uhr einst als Preis bei einem Autorennen gewonnen hatte und anschließend auf der Titelseite eines italienischen Magazins abgelichtet wurde – kostet gut das Doppelte ihrer technisch absolut identischen Schwestermodelle. Bei den Pre-Daytonas ist es die von Insidern «Jean-Claude Killy» genannte Referenz 6236 mit Vollkalender und Stahlband, die Sammlerherzen höherschlagen lässt und bei Auktionen bis zu 80.000 Euro erzielt.

Bei der Submariner sind zunehmend frühe Modelle ohne Kronenschutz gefragt, wie sie in «James Bond jagt Dr. No» am Handgelenk von Sean Connery populär wurden. Der «Submariner»-Schriftzug in Rot bedeutet ebenfalls einen satten Zuschlag. Handelt es sich gar um eine «Sea-Dweller» mit dem Aufdruck «Comex», jenem legendären Unternehmen, das mit seinem Sauerstoff/Helium-Gemisch zum Pionier des industriellen Tiefseetauchens wurde, und ist die Uhr entsprechend dokumentiert, kann der Preis die 100.000-Dollar-Barriere überwinden. Selbst auf Kleinigkeiten – etwa, ob die Tiefenangabe bei der «Submariner» zuerst in Fuß oder Meter genannt wird – achten die Sammler und unterscheiden in «feet first» und «meter first». Eine Submariner mit blau-grauer Lünette anstelle der schwarzen, eine «Paul Newman» mit rotem Zifferblatt, in Insiderkreisen als «Spirit of Japan» apostrophiert, ein früher Turn-O-Graph oder eine Ur-Milgauss – all dies sind (ihre Echtheit immer vorausgesetzt) Modelle, die extrem hohe Preise erzielen, Tendenz weiter steigend.

Einer Uhr blieb der Prominentenstatus versagt, obwohl sie in einem James-Bond-Film eine tragende Rolle spielte. Es handelt sich dabei um die Referenz 6238, einen Chronographen mit Stahlband und silberfarbenem Zifferblatt, den Bond in dem Film «Im Geheimdienst Ihrer Majestät» trug. Mag sein, dass dieser schöne Chrono keine Kult-Uhr wurde, weil nicht Sean Connery die Rolle des «007» spielte, sondern der relativ unbekannte australische Schauspieler George Lazenby.

DR. HARRY NIEMANN

Nach Submariner und Sea-Dweller wurde auch die GMT-Master II vom Boom der «Tool Watches» mit Drehlünette erfasst. Inzwischen gibt es für alle genannten Neumodelle Wartelisten, und klassische Exemplare erzielen auf dem Gebrauchtmarkt Höchstpreise.

giezufuhr. Die Krone muss also nicht regelmäßig zum Aufziehen erst auf- und später zugeschraubt werden. Das schont Verschraubung, Dichtungen sowie Kronentubus und sorgt somit für lang anhaltende Dichtheit. Anfang der dreißiger Jahre war man in Genf so weit und präsentierte die ersten Automatikversionen unter der Verkaufsbezeichnung «Oyster Perpetual». Sie standen für echten technischen Fortschritt und liefen den Handaufzug-Versionen rasch den Rang ab, Rolex wurde zum Synonym für wasserdichte Automatikuhren.

EIN TAUCHER IM MANAGEMENT

Dass daraus später echte Taucheruhren wurden, hat auch mit der Entwicklung im Bereich der Tauchtechnik zu tun. Das Aufkommen des Tiefseetauchens mithilfe von Druckluft-Tauchgeräten zu Beginn der vierziger Jahre beflügelte die Tiefseeforschung – und die Entwicklung einer Taucheruhr bei Rolex. Erste Erfahrungen hatte man schon durch die Kooperation mit den Officine Panerai gesammelt, die ihrerseits wasserdichte Uhren für die italienische Marine lieferten. Rolex hatte auch in Person von René-Paul Jeanneret, der in leitender Stelle in Genf tätig war, einen ambitionierten Sporttaucher in seinen Reihen, der als Initiator des Submariner-Projekts gilt. Jeanneret war auch mit dem Tauch- und Meeresforschungs-Pionier Jacques-Yves Cousteau befreundet. So war Rolex in der Lage, sich Pioniere des Tiefseetauchens an Bord zu holen, die in die Entwicklung und Erprobung eingebunden wurden. Letztere fand im Sommer 1953 im Mittelmeer statt, unterstützt wurde Rolex hier maßgeblich vom Institut für Tiefseeforschung in Monaco. Über 100 Tauchversuche musste die Uhr absolvieren, teilweise sogar mit gezogener Krone. Die Submariner aber hielt dicht, selbst als man sie zum Schluss an einem Tau auf 120 Meter Meerestiefe absenkte. Wohlgemerkt: Für die meisten Geräte-Sporttaucher ohne spezielle Schutzanzüge ist bei 40 Meter Schluss!

Oben: Diese Reihe zeigt, wie behutsam Rolex seine Ikone behandelt. Drei Varianten der Submariner Date: klassisches Stahlmodell (1979), Rolesor-Variante mit blauem Blatt (1988) sowie die Stahluhr, die wegen ihrer grünen Lünette auch «Frogmariner» (2003) genannt wird (von links).

Links: Mit dieser Submariner kam Rolex ins Kino, weshalb man sie auch «James Bond» nennt.

Die Wasserdichtheit war also nachgewiesen, als Hans Wilsdorf die Uhr 1954 der Öffentlichkeit vorstellte. 100 Meter garantierte Rolex den Käufern damals und war damit ganz vorn dabei. Mit einem kleinen Manko musste die Submariner aber leben: Der Tauchring ließ sich in beide Richtungen drehen. Grund dafür war ein Patent, das Blancpain für seine nur einseitig drehbare Lünette im Jahr 1952 durch ein Patent hatte schützen lassen. Technisch wäre dies für Rolex sicher kein Problem gewesen, immerhin war die Oyster Perpetual «Turn-O-Graph» mit der Referenz 6202 schon mit einer drehbaren Lünette ausgestattet, die über eine 60er-Skalierung und eine mit Leuchtmasse belegte, dreieckige Nullmarkierung verfügte. Eine Rasterung oder einen anderen Schutz gegen unabsichtliches Verdrehen suchte man indes bei der Turn-O-Graph vergeblich.

KONSTANTE EVOLUTION

Das galt auch für die erste Submariner. Doch Rolex wäre nicht Rolex, wenn man die Dinge einfach auf sich beruhen ließe. So spendierte man der Submariner Referenz 5512, in Produktion ab 1959, nicht nur eine griffigere Drehlünette, sondern auch das sogenannte «Auto-Lock-System»: Zum Verstellen des Drehrings musste man ihn gegen das Gehäuse drücken, nach dem Loslassen rastete er wieder ein. Drehbar war er aber noch immer in beide Richtungen. Ein nur im Gegenuhrzeigersinn drehbarer Tauchring fand aus genannten patentrechtlichen Gründen bei Rolex erst 1981 Anwendung – mit der Einführung der Referenzen 16800 und 16681.

Insgesamt steht die Submariner wie wohl keine andere Uhr für die Philosophie des Hauses Rolex. Sie zeigt, dass man nicht jedes Jahr eine neue Sau durchs Dorf treiben muss, um Erfolg zu haben, sondern durch beständige Entwicklungsarbeit Gutes immer noch besser machen kann. Nehmen wir die Wasserdichtheit, die schon 1957 auf 20 bar bzw. 200 Meter gesteigert wurde und 1979 sogar auf 30 bar (300 Meter) anwuchs. Dazu tauschte man das bisher übliche Plexiglas gegen ein Saphirglas aus. Was uns heute selbstverständlich scheint, war damals echter technischer Fortschritt. Bei 30 bar Druckfestigkeit ist es seither auch geblieben. Für höhere Drücke zeigt sich die Linie Sea-Dweller zuständig.

Seit 1959 verfügt das Gehäuse über einen Flankenschutz für die verschraubbare Krone. Ein Konstruktionsmerkmal, das bis heute Bestand hat und im Laufe der Jahre nur formal verändert wurde. Der Gehäusedurchmesser entwickelte sich ebenfalls nur maßvoll: Von heute winzig anmutenden 36 Millimetern wuchs die Uhr 1959 zunächst auf 40 Millimeter, um 2020 schließlich beim heutigen Maß von 41 Millimetern zu enden.

Alle Uhrwerke mit ihren Feinheiten zu erwähnen, die in einer Submariner Dienst taten, würde den hier zur Verfügung stehenden Raum sprengen. Deshalb sei nur so viel gesagt: Rolex baute in die Submariner immer das Beste ein, was die Manufaktur zum Modellwechsel zu bieten hatte.

Die Referenz 5514 gab es offiziell nie zu kaufen. Es handelt sich um ein Sondermodell, das die Tauchprofis des französischen Unternehmens Comex als Dienstuhr erhielten.

OYSTER PERPETUAL SUBMARINER DATE

REFERENZ: 126610LV

WERK: Automatik, Rolex Kaliber 3230; Ø 29,1 mm; 31 Steine; 28.800 A/h; Chronergy-Hemmung, Parachrom-Spirale, Paraflex-Stoßsicherung, Unruh mit Microstella-Reguliermuttern; Gangreserve 70 Std.

FUNKTIONEN: Stunden, Minuten, Zentralsekunde, Datum

GEHÄUSE: Edelstahl, Ø 41 mm; Lünette mit Keramikeinlage, einseitig drehbar, mit 60er-Teilung; Saphirglas; Krone verschraubbar; wasserdicht bis 30 bar

BAND: Oyster Edelstahl, Faltschließe mit Feinverstellung und Verlängerungsglied

PREIS: € 10.600,-

EIN CHARAKTERKOPF

Ihr charakteristisches Gesicht mit dem «Mercedesstern» im Stundenzeiger erhielt die Submariner mit Einführung der Referenz 6536 schon zur Mitte der fünfziger Jahre. Dieses Modell verfügte bereits auch über eine Feinskalierung der ersten 15 Minuten auf der Drehlünette, wie es die einzelnen nationalen Taucheruhrnormen später vorschreiben sollten. Die großzügige Belegung von Stundenmarkern und Zeigern mit Leuchtmasse sicherte auch bei ungünstigen Lichtverhältnissen eine gute Ablesbarkeit. Als Blaupause der modernen Submariner hingegen betrachten die meisten Sammler die Referenz 5512, die als erstes Modell mit einem Flankenschutz für die Krone aufwartete.

Ob das so ist, darüber können Szenekenner trefflich streiten, ebenso wie über die Frage, ob nun die puristische Submariner ohne Datum die richtige Wahl sei – oder ob man doch besser die Variante mit Datumsfenster und darüberliegender Lupe im Glas (gern auch Zyklopenauge genannt) wählen sollte. Und selbst das Geburtsjahr wird diskutiert. Rolex besteht auf 1953, weil in diesem Jahr die ersten Serienmodelle entstanden. Vorgestellt wurde sie hingegen auf der Basler Mustermesse 1954.

MARTIN HÄUSSERMANN

Im Jahr 2020 erhielt die Submariner das jüngste Facelift. Alle Uhren auf dieser Doppelseite wurden in diesem Jahr lanciert. Dazu gehört die jüngste «Frogmariner» mit Keramikeinlage in der Lünette.

Besonders puristisch gibt sich die Stahl-Sub ohne Datum mit schwarzem Blatt (rechte Seite). Sie zeichnen feine, nicht auf den ersten Blick sichtbare Details aus, wie der fein gravierte Réhaut, kräftigere Bandanstöße und ein organisch integrierter Flankenschutz für die Krone. In Sachen Ablesbarkeit bei Tag und Nacht ist und bleibt die Submariner ein Vorbild.

SUBMARINER
OFFICIALLY CERTIFIED

ROLEX
SUBMARINER

Seit 2017 hat auch die Sea-Dweller eine eingeschliffene Lupe über dem Datumsfenster.

Die Ausstattung entspricht bis heute dem höchsten technischen Standard für Rolex-Taucheruhren. Gehäuse und Armband sind aus Edelstahl 904L gefertigt, der sich durch eine extreme Korrosionsbeständigkeit auszeichnet. Die nur entgegen dem Uhrzeigersinn verdrehbare Lünette trägt eine Cerachrom-Zahlenscheibe aus äußerst kratzfester und hochbeständiger Keramik. Stundenmarker und Zeiger sind mit lange nachleuchtender Chromalight-Leuchtmasse belegt, wodurch beste Ablesbarkeit auch in der Dunkelheit gewährleistet ist. Die Oysterlock-Sicherheitsfaltschließe verhindert ein versehentliches Öffnen und verfügt neben dem fein gestuften Glidelock-Verschiebesystem auch über ein Fliplock-Verlängerungselement zum Ausklappen. Zusammen ermöglichen diese Features ohne Einsatz von Werkzeug eine Erweiterung des Armbandes um bis zu 46 Millimeter, sodass die Uhr bequem über einem 7 Millimeter dicken Taucheranzug getragen werden kann. Die verschraubbare Triplock-Aufzugskrone ist mit einem dreifachen Dichtungssystem ausgestattet, und natürlich verfügt auch die neue Sea-Dweller über die Komponente, der sie ihr Renommee verdankt: das Heliumventil.

UHRWERK DER NEUEN GENERATION

Die neue Sea-Dweller war die erste «Tool Watch», die in den Genuss der neuen Uhrwerk-Generation kam. Nach den sportlich-eleganten Modellen Day-Date 40 und Datejust 41 wurde 2017 auch die erste Taucheruhr mit einem Werk aus der Kaliberfamilie 3200 ausgestattet. Ein um 15 % höherer Wirkungsgrad in der Hemmung, 50 % mehr Gangreserve, 90 % neu entwickelte Teile und satte 100 % mehr Ganggenauigkeit, als die COSC fordert, machten die Sea-Dweller mit der Referenz 126600 zu einem wahrhaften Chronometer der Superlative.

Bei aller Liebe zum technischen Fortschritt gelang es bei diesem imposanten Jubiläumsmodell, den Charme der Pionierzeit zu konservieren – mit einem wie bei den ersten historischen Versionen in Rot gehaltenen «Sea-Dweller»-Schriftzug auf dem schwarzen Zifferblatt.

PETER BRAUN

OYSTER PERPETUAL SEA-DWELLER

REFERENZ: 126600

WERK: Automatik, Rolex Kaliber 3235; Ø 29,1 mm; 31 Steine; 28.800 A/h; Parachrom-Spirale, Paraflex-Stoßsicherung, Chronergy-Hemmung, Glucydur-Unruh mit Microstella-Reguliermuttern; Gangreserve 70 Std.; geprüfter Chronometer (COSC)

FUNKTIONEN: Stunden, Minuten, Zentralsekunde; Datum

GEHÄUSE: Edelstahl, Ø 43 mm, Höhe 13,8 mm; Lünette mit Keramikeinlage, einseitig drehbar, mit 60er-Teilung; Saphirglas; Krone verschraubbar; Heliumventil; wasserdicht bis 122 bar

BAND: Oyster Edelstahl, Faltschließe mit Feinverstellung und Verlängerungsglied

PREIS: € 13.000,–

Leuchtstarke Zeiger und Stundenmarker machen die Sea-Dweller zu einer zuverlässigen Begleiterin in großen Tauchtiefen.

Das massive Oyster-Gliederband verfügt über eine Oysterlock-Schließe mit Glidelock (Feinverstellung) und Fliplock (Sicherheitsbügel).

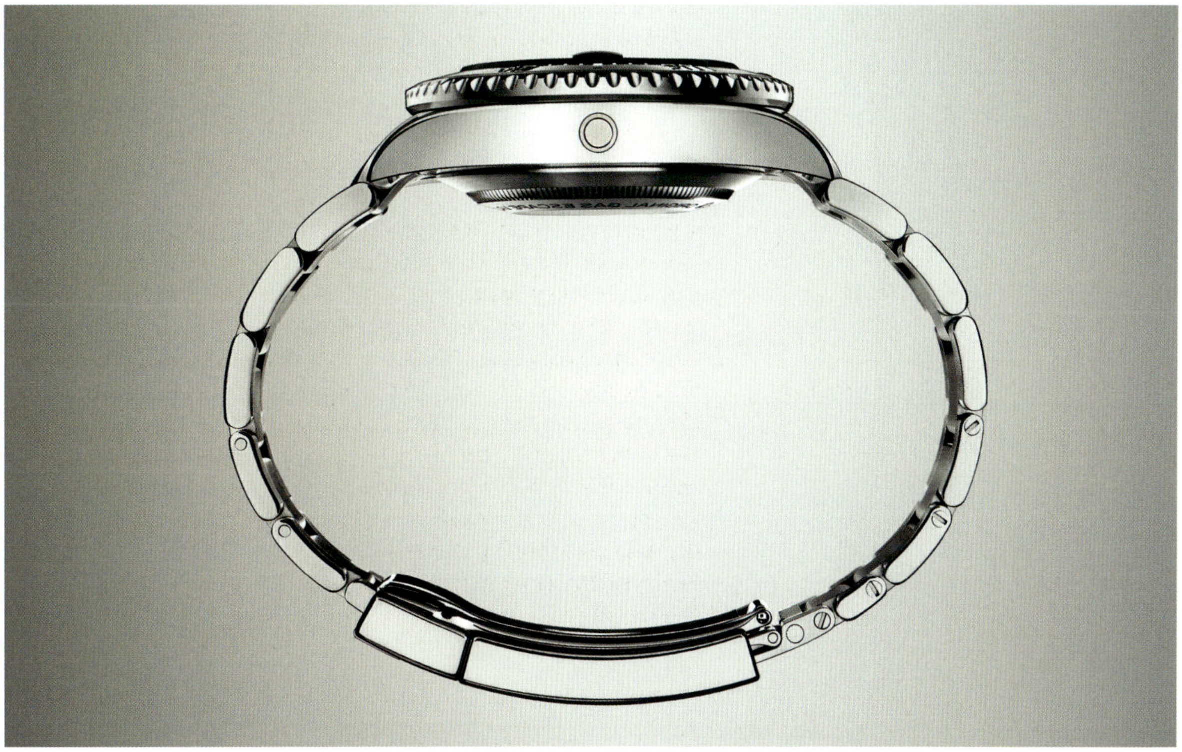

TITAN der Tiefe

Die Sea-Dweller-Familie expandiert nach oben – bzw. nach unten: Die Deepsea Challenge im Titangehäuse mit 50 mm Durchmesser ist auf extreme Druckbelastungen ausgelegt!

ORIGINAL GAS ESCAPE VALVE
ROLEX
SEA-DWELLER
CHRONOMETER
CERTIFIED

Das Einzelstück der Rolex Deepsea Challenge von 2012 war ein untragbarer Stahl-Koloss mit 28,5 mm Höhe.

Die neue Deepsea Challenge aus Titan RLX wiegt 30 % weniger und baut 5 mm flacher – bei gleicher Belastbarkeit.

Vor etwa zehn Jahren tauchte der Filmemacher und Tiefseeforscher James Cameron mit seinem Unterseeboot auf den Grund des Marianengrabens, 10.908 Meter unter dem Meeresspiegel. Am Greifarm der «Deepsea Challenger» war eine Taucheruhr befestigt, die Rolex eigens für diese Mission gebaut hatte – als Hommage an die stählerne Experimentaluhr mit ihrem kugelförmig hoch aufragenden Plexiglas, die 1960 am Rumpf der «Trieste» mit dem Schweizer Tiefseeforscher Jacques Piccard und dem Amerikaner Don Walsh an den tiefsten Punkt der Erde getaucht war. Bei beiden Uhren handelte es sich um experimentelle Einzelanfertigungen ohne Bezug zur alltäglichen Tragesituation einer Armbanduhr. Nun ist es Rolex gelungen, die extremen Anforderungen an ein Uhrengehäuse in knapp 11.000 Metern Tiefe mit einer «tragbaren» Armbanduhr zu erfüllen und diese in Serie zu produzieren.

GROSSES KINO AM HANDGELENK

50 mm Durchmesser sind natürlich eine klare Ansage, aber an einem kräftigen Unterarm macht die Oyster Perpetual Deepsea Challenge eine gute Figur, solange man nicht versucht, sie unter eine Manschette zu zwängen. 23,3 mm Höhe belegen eindrucksvoll, dass hier nicht an Material gespart wurde.

Dokumentarfilmer James Cameron 2012 nach seinem Solo-Tauchgang in den Marianengraben mit der Uhr am Greifarm des Tauchboots.

Den überraschenden Tragekomfort verdankt die Uhr dem korrosionsbeständigen, leichten und doch mechanisch hoch belastbaren Titan RLX, einer von den Rolex-Metallurgen ausgesuchten Legierung von Titan (Grade 5). Die erste Titanuhr in der Geschichte des Unternehmens übernimmt hier den Staffelstab von der über Jahrzehnte optimierten Edelstahl-Legierung (904L), die aufgrund ihres schlechteren Leistungsgewichts diesmal nicht zum Zuge kam: hoch legiertes Titan ist nicht nur härter und zäher als Stahl, sondern auch erheblich leichter.

So ist die neue Deepsea Challenge nur wenig schwerer als beispielsweise eine goldene Sky-Dweller: Knapp 250 Gramm bringt der Kaventsmann auf die Waage, inklusive Gliederband und Faltschließe aus Titan RLX. Dass die Uhr nicht unter eine Hemdmanschette schlüpft, ist daher kein Beinbruch: Dank der Verlängerungssysteme Glidelock und Fliplock lässt sie sich mit einem Handgriff über dem Ärmel befestigen.

EXTREME BELASTUNGEN

Der Schlüssel zur extremen Druckfestigkeit liegt im Ringlock-System, das 2008 in der Rolex Deepsea Premiere feierte. Im Gehäusemittelteil eingebettet sitzt ein gehärteter Stahlring, der das Uhrwerk umgibt. An seinen Stirnseiten stützen sich sowohl der verschraubte Gehäuseboden als auch das gewölbte Saphirglas ab und entlasten damit das Gehäuse von den enormen Drücken, die in großen Tauchtiefen astronomische Werte erreichen: Fast 12 Tonnen lasten in 11.000 Metern Tiefe auf dem Glas der Oyster Perpetual Deepsea Challenge!

Für Dichtungen ist unter Boden und Glas kein Platz, und jegliche Elastizität wäre bei diesen Drücken eine Katastrophe. Anders ist dies bei der – prinzipiell – serienmäßigen Triplock-Aufzugskrone, die mit drei Dichtungen ausgestattet ist. Im fest verschraubten Zustand der Krone kommen die beiden inneren Dichtungen im Gehäuse kaum zum Tragen. Die Krone trägt übrigens unter dem Kronen-Logo die drei Punkte als Kennzeichnung der Triplock-Technik, doch ist der mittlere Punkt wie ein kurzer Strich geformt – ein dezenter Hinweis auf das Material Titan RLX.

Die neue Deepsea Challenge verfügt wie andere Modelle der Sea-Dweller-Familie über breitere Zeiger und Stundenmarker aus Gold, die mit einer bei Dunkelheit in Blau strahlenden Leuchtmasse ausgelegt sind, die unter Wasser besser erkennbar sein soll als weiße. Ein Punkt dieser Leuchtmasse ziert auch das Dreieck auf der Lünette, das den Nullpunkt markiert. Der Cerachrom-Ziffernring besteht aus Hightech-Keramik mit versenkten und mit Platin ausgelegten Ziffern und Teilstrichen.

Und zu guter Letzt verfügt die Oyster Perpetual Deepsea Challenge wie ihre Schwestermodelle über ein automatisches Heliumventil, was in erster Linie Berufstaucher zu schätzen wissen. Diese pausieren zwischen zwei Tauchgängen in großer Tiefe in speziellen Kapseln und atmen dort ein besonderes Hochdruck-Gasgemisch ein, das vor allem Helium enthält. Helium als hochflüchtiges Gas diffundiert in dieser Zeit auf atomarer Basis ins Gehäuse ein. Beim Auftauchen ändern sich die Druckverhältnisse, und das eingeströmte Helium kann durch das Ventil kontrolliert entweichen, anstatt das Glas abzusprengen. Selbst ambitionierte Tauchamateure werden diese Sicherheitseinrichtung kaum jemals nutzen, aber am Ende wird auch niemand mit der Uhr am Handgelenk 11.000 Meter in die Tiefe tauchen.

KEINE FALSCHEN VERSPRECHUNGEN

Diskussionen über die Sinnhaftigkeit einer auf die Spitze getriebenen Robustheit, die sämtliche Maßstäbe sprengt, können die Konstrukteure und Uhrmacher von Rolex nicht anfechten. Ihr Lastenheft war klar

Die Bodengravur trägt die Daten der Tauchgänge von 1960 (Piccard und Walsh) und 2012 (Cameron).

Faltschließe aus Titan RLX mit Glidelock-Verlängerungssystem.

Rolex wählte eine spezielle Titan-Legierung mit hochkratzfester Oberfläche und extremen Festigkeitswerten.

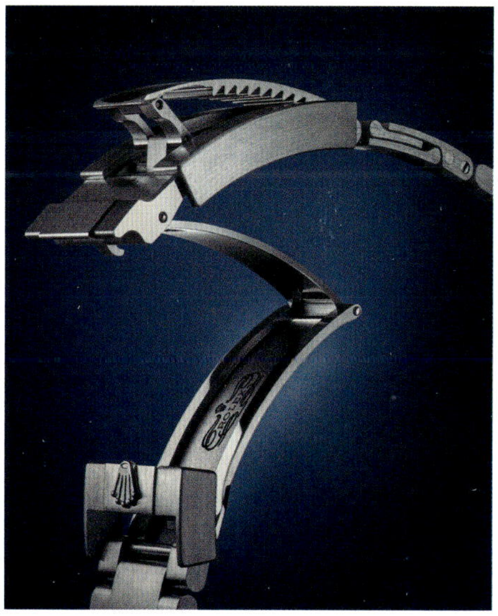

formuliert, und sie wichen keinen Fingerbreit von den Richtwerten ab. Das Ziel bestand darin, ein in Serie herstellbares und im Alltag tragbares Pendant zur Experimentaluhr der Rolex Deepsea Challenge von James Cameron zu entwickeln, und das ist ihnen gelungen. Die Gehäusehöhe über Glas schrumpfte von 28,5 mm auf 23,3 mm, wobei der bombierte Saphir mit 9,5 mm Stärke fast die Hälfte der Höhe beansprucht. Das Gewicht konnte von fast 380

Gramm bei der Stahluhr von James Cameron dank Titangehäuse und -band auf circa 250 Gramm reduziert werden. Und das bei einer geprüften Wasserdichtheit bis 11.000 Meter Tauchtiefe, wobei man bei Taucheruhren ja noch 25 Prozent Sicherheitsmarge zugibt – also 13.750 Meter!

Auch das Uhrwerk leistet seinen Beitrag zur Alltagstauglichkeit, denn in den letzten zehn Jahren hat sich in der Rolex-Werkeproduktion in Biel auch hier einiges getan.

OYSTER PERPETUAL DEEPSEA CHALLENGE

REFERENZ: 126067

WERK: Automatik, Rolex Kaliber 3230; Ø 29,1 mm; 31 Steine; 28.800 A/h; Parachrom-Spirale, Paraflex-Stoßsicherung, Chronergy-Hemmung, Glucydur-Unruh mit Microstella-Reguliermuttern; Gangreserve 70 Std.; geprüfter Chronometer (COSC), Rolex-Chronometer der Superlative

FUNKTIONEN: Stunden, Minuten, Zentralsekunde

GEHÄUSE: Titan RLX, Ø 50 mm, Höhe 23,3 mm; Lünette mit Keramikeinlage (Cerachrom), einseitig drehbar, mit 60er-Teilung; Saphirglas; Krone verschraubbar; automatisches Heliumventil; wasserdicht bis 1100 bar

BAND: Oyster, Titan RLX, Faltschließe mit Sicherheitsbügel, Glidelock-Verlängerungssystem und Fliplock-Verlängerungsglied

PREIS: € 25.600,-

Das in der Deepsea Challenge verbaute Automatikkaliber 3230 (ohne Datumsanzeige) repräsentiert den «State of the Art» mit Chronergy-Hemmung, Parachrom-Spirale und Paraflex-Antischocksystem der Unruh.

Für die Wasserdichtheitsprüfung bis 13.750 Meter (inkl. Sicherheitsmarge) musste Rolex-Partner Comex einen neuen Druckbehälter bauen.

Die erste Titanuhr von Rolex ist die Oyster Perpetual Deepsea Challenge.

Ahnenreihe (v. l.): Rolex Deepsea (2008), aktuelle Deepsea Challenge (2022), «Old Lady» Deep Sea Special von 1960, Rolex Deepsea Challenge (2012) und zum Vergleich eine Submariner von 1986. Im Hintergrund der «Deepsea Challenger» von Cameron und der Bathyskaph «Trieste» von 1960 im Modell.

Zu der größeren Unempfindlichkeit gegenüber Magnetfeldern gesellt sich eine deutlich erhöhte Gangreserve von über 70 Stunden nach Vollaufzug.

Inzwischen durchlaufen alle Rolex-Uhren eine hauseigene Ganggenauigkeitsprüfung, bei der die von der COSC vorgeschriebenen Chronometer-Toleranzen (-4 bis +6 s/d) noch einmal halbiert werden (auf -2 bis +2 s/d). Der Prüfdurchlauf erfolgt vollautomatisch in verschiedenen Lagen bei verschiedenen Temperaturen mit komplett montierten Uhren, die abschließend auch noch gleich auf ihre Wasserdichtheit geprüft werden.

Bis zu 5000 Meter Wassertiefe können die Prüftanks im Keller des Rolex-Hauptquartiers in Genf simulieren – zu wenig für die Oyster Perpetual Deepsea Challenge, weshalb in Zusammenarbeit mit den Ingenieuren der französischen Spezialfirma Comex (Compagnie Maritime d'Expertises) eine kompakte Hochdruckkammer für bis zu 1500 bar entwickelt wurde.

EINZELFERTIGUNG NACH GROSSSERIEN-MASSSTÄBEN

Diese steht in einer neu eingerichteten Abteilung für die Extremtaucheruhr, in der zudem auch sämtliche anderen Prüfungen für das hauseigene Zertifikat «Chronometer der Superlative» durchgeführt werden, außerhalb des vollautomatisierten Prüfbetriebs der beiden rund um die Uhr laufenden Anlagen im vierten Stockwerk unter der Erde. Allein die Dichtheitsprüfung, bei welcher der Wasserdruck in der Kammer zwei Stunden auf dem Äquivalent der in 13.750 Metern Tiefe herrschenden Drücke gehalten wird, dauert mit Druckauf- und -abbau über vier Stunden. Acht Uhren passen in die Druckkammer; rechnen Sie selbst aus, wie viele oder – besser noch – wie wenige Uhren am Ende einer Schicht ihren Weg in die Versandabteilung antreten.

Die Einzelteile der Deepsea Challenge mögen ja noch auf den Bearbeitungszentren der Rolex-Gehäusefabrik in Plan-les-Ouates gefertigt werden, doch die Montage der Komponenten erfolgt in einer kleinen Spezialabteilung, deren Mitarbeiter nicht nur auf das neue Material Titan RLX, sondern auch für die besonders hohen Anforderungen an die Montagepräzision extra geschult wurden.

Dass die Oyster Perpetual Deepsea Challenge ein seltener Anblick bleibt, ist also weniger ihrem Preis geschuldet, obwohl dieser nach Rolex-Maßstäben schon recht hoch ist. Andere Uhrenhersteller haben damit bekanntlich kein Problem, und Uhrensammler sind inzwischen ja ebenfalls Kummer gewohnt. Der Ansturm auf das neue Topmodell der Rolex-Taucheruhrenkollektion war jedenfalls gewaltig – dies vorherzusagen, bedurfte es keiner hellseherischen Fähigkeiten.

Die Oyster Perpetual Deepsea Challenge ist schließlich mehr als eine Uhr. Sie ist ein Metall gewordener Superlativ!

PETER BRAUN

Für Forscher und Flieger

Die Air-King steht für die besonderen Beziehungen, die Rolex und die Welt der Luftfahrt in ihrem goldenen Zeitalter in den 1930er Jahren verbanden. Diese Zeit war durch eine rasante Entwicklung bei den Leistungen der Flugzeuge gekennzeichnet, die zu den ersten Rekord- und Langstreckenflügen führte. Auch die heutige Air-King ist eine Hommage an die Flugpioniere und an die Rolle, welche die Rolex Oyster in der Blütezeit der Luftfahrt spielte – als zuverlässiger Chronometer am Handgelenk der furchtlosen Piloten.

Trotz ihres Einsatzgebietes in luftiger Höhe war die Air-King wie alle Oyster schon immer wasserdicht und mit einer verschraubbaren Krone ausgestattet. Darüber hinaus war ihr Uhrwerk ursprünglich durch eine Weicheisenkalotte vor den starken Magnetfeldern geschützt, wie sie je nach Triebwerks-Einbaulage durch die Zündspulen der großvolumigen Verbrennungsmotoren im Cockpit erzeugt wurden.

MODERNSTE UHRWERKTECHNIK

Die jüngste Generation der Familien Air-King und Explorer ist mit dem Kaliber 3230 ausgestattet, das 2020 lanciert wurde und seit 2022 für die typischen Tool Watches Air-King und Explorer verwendet wird. Mit

Die Air-King trägt seit 2022 einen Kronen-Flankenschutz, verzichtet aber aufgrund der neuen Uhrwerktechnologie über keinen Weicheisenkäfig zum Schutz vor Magnetfeldern.

Unter dem gelben Kronenlogo und dem grünen Markennamen erscheint der Schriftzug «Air-King» heute wieder, wie er in den 1950er Jahren speziell für dieses Modell kreiert wurde. Gleichzeitig wurde auch die Explorer überarbeitet und ist heute wieder mit maskulinen 40 mm Durchmesser erhältlich.

der aus einer Nickel-Phosphor-Legierung im LiGA-Verfahren hergestellten Chronergy-Hemmung und der optimierten blauen Parachrom-Spirale verfügt das Uhrwerk über einen ausreichenden Schutz gegen den Einfluss von Magnetfeldern, die den

ROLEX
Air-King

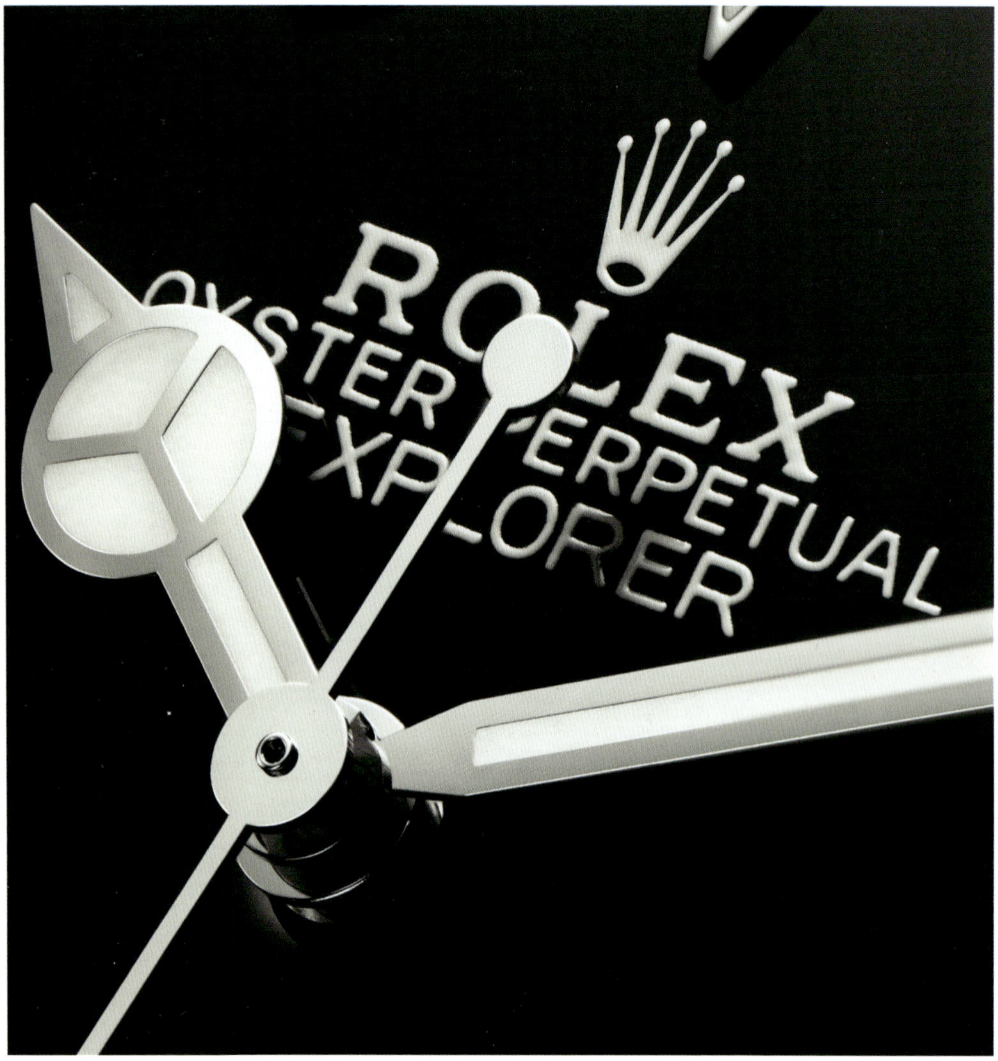

Sir Edmund Hillary und Tensing Norgay bestiegen am 29. Mai 1953 das Dach der Welt mit einer Rolex am Arm, aus der die Explorer hervorgehen sollte.

Gang einer Uhr erheblich beeinträchtigen können. Das Kaliber 3230 wird als Rolex Superlative Chronometer zertifiziert, muss also nach der Chronometerprüfung gemäß den Normen der COSC noch einmal – in eingeschaltem Zustand – bei Rolex auf den Prüfstand. Hier werden deutlich strengere Maßstäbe an das Gangverhalten angelegt: Die Abweichung darf nicht mehr als +2/-2 Sekunden pro Tag betragen.

EXPLORER FÜR PIONIERE

2023 jährt sich die Erstbesteigung des Mount Everest zum 70. Mal. Am 29. Mai 1953 schafften Sir Edmund Hillary und Tensing Norgay etwas, das kein Mensch vor ihnen jemals vollbracht hatte: Sie erreichten den höchsten Punkt der Erde. Die Expedition auf den Gipfel in einer Höhe von 8848 Metern war mit Oyster Perpetual Chronometern ausgerüstet. Noch im selben Jahr stellte Rolex eines seiner ersten Professional-Modelle vor: die Explorer.

OYSTER PERPETUAL AIR-KING

REFERENZ: 126900

WERK: Automatik, Rolex Kaliber 3230; Ø 28,5 mm; 31 Steine; 28.800 A/h; Parachrom-Spirale, Paraflex-Stoßsicherung, Chronergy-Hemmung, Glucydur-Unruh mit Microstella-Reguliermuttern; Gangreserve 70 Std.; geprüfter Chronometer (COSC)

FUNKTIONEN: Stunden, Minuten, Zentralsekunde

GEHÄUSE: Edelstahl, Ø 40 mm, Höhe 11,6 mm; Saphirglas; Krone verschraubbar; wasserdicht bis 10 bar

BAND: Oyster Edelstahl, Faltschließe mit Sicherheitsbügel und Feinverstellung

PREIS: € 7300,–

Seit 2023 gibt es die Explorer wieder in zwei Gehäusegrößen mit 36 und 40 mm Durchmesser. Die Explorer II (unten) ist seit jeher ein eigenständiges Modell mit zweiter Zeitzone.

OYSTER PERPETUAL EXPLORER 40

REFERENZ: 224270

WERK: Automatik, Rolex Kaliber 3230; Ø 29,1 mm; 31 Steine; 28.800 A/h; Parachrom-Spirale, Paraflex-Stoßsicherung, Chronergy-Hemmung, Glucydur-Unruh mit Microstella-Reguliermuttern; Gangreserve 70 Std.; geprüfter Chronometer (COSC)

FUNKTIONEN: Stunden, Minuten, Zentralsekunde

GEHÄUSE: Edelstahl, Ø 40 mm; Saphirglas; Krone verschraubbar; wasserdicht bis 10 bar

BAND: Oyster Edelstahl, Faltschließe mit Feinverstellung

PREIS: € 7500,-

Sie ist damit der Archetyp der Rolex Tool Watch. Wie kaum ein anderes Modell in der breiten Rolex-Palette repräsentiert die Explorer die Tugenden der unverwüstlichen, gut ablesbaren und hochpräzisen Alltagsuhr für gehobene Ansprüche.

Mit einer geprüften Wasserdichtheit von 100 Metern darf sie ohne Bedenken mit ins tiefe Wasser, und dank des stetig weiterentwickelten und verbesserten Oyster-Gliederbandes aus Edelstahl 904L – wie das Gehäuse – sind Korrosion oder Abnutzung kein Thema. Die Oysterlock-Sicherheitsfaltschließe verfügt über eine zusätzliche Feinverstellung («Easylink»), die eine fein gerasterte Anpassung von bis zu fünf Millimetern Umfang ermöglicht und so dem im Tagesverlauf oder bei großer Hitze oftmals anschwellenden Handgelenk mit einem Handgriff etwas mehr Bewegungsfreiheit verleiht.

Im Gegensatz zur Air-King ist die Explorer in zwei Gehäusegrößen erhältlich: mit 36 mm Durchmesser wie das Originalmodell von 1953 und mit zeitgemäß maskulinen 40 mm. Und mit empfohlenen Verkaufspreisen von unter 7500 Euro markieren sie nach wie vor den Einstieg in die Rolex-Welt.

PETER BRAUN

ROLEX
GMT-MASTER II
SUPERLATIVE CHRONOMETER
SWISS MADE

Globe-trotter's best friend

Die GMT-Master – ursprünglich konzipiert als Navigationshilfe für Spezialisten, die beruflich um die Welt reisen – entwickelte sich im Laufe der Zeit zu einer Referenz für Zeitzonenuhren. Mit ihrer in beide Richtungen drehbaren Lünette und einer Zahlenscheibe mit 24-Stunden-Graduierung verfügte sie von Beginn an über ein unverwechselbares und einzigartiges ästhetisches Markenzeichen. Die Zahlenscheibe präsentierte sich oft zweifarbig in verschiedenen Farbkombinationen. 1982 stellte Rolex die GMT-Master II vor, deren Uhrwerk es ermöglichte, den Stundenzeiger unabhängig vom Minuten- und 24-Stunden-Zeiger einzustellen. Die GMT-Master II bietet so gleichzeitig den Überblick über zwei Zeitzonen: entweder Lokalzeit und Referenzzeit oder Lokalzeit und Zeit einer anderen Zeitzone. Das Datum wird dabei mit der Anzeige der Lokalzeit synchronisiert.

PEPSI IS BACK

2014 präsentierte Rolex erstmals wieder eine GMT-Master II mit rot-blauer Drehlünette. Als Rolex das neue Modell vorstellte, stand die Uhrenwelt kopf: Blau und Rot – das waren die Farben des Urmodells von 1955, das bei Sammlern teuer gehandelt wird.

Die eigentlich viel spannendere Nachricht trat angesichts der Lobgesänge auf das Traditionsbewusstsein völlig in den Hintergrund: Zwar hatte Rolex bei anderen sportlichen Modellen aus der Oyster-Familie bereits einige Erfahrungen mit der Hightech-Keramik sammeln können, doch die Kombination aus Blau und Rot war ein absolutes Novum. Noch nie war den Chemikern eine satt leuchtende rote Keramik gelungen, und nur wenige Wochen zuvor brüstete sich ein anderer Uhrenhersteller mit seinem «einzigartigen» Gehäuse aus roter Keramik.

Seinen besonderen Reiz bezieht der zweifarbige Cerachrom-Ring in der Drehlünette aus der Tatsache, dass die beiden Farben ohne fühlbaren Übergang und mit absoluter Trennschärfe in ihren zugewiesenen Lünettenhälften bleiben. Das gelingt nur, weil die Keramikeinlage zunächst einfarbig ist und in einem nachgeordneten Arbeitsschritt auf molekularer Basis umgefärbt wird – in diesem Fall von Rot in Blau. Die Ziffern und Indexpunkte sind in die Fläche eingraviert und werden danach im PVD-Verfahren mit Platin ausgeschwemmt.

Sowohl die Markenfreunde als auch die Connaisseure hatten folglich gute Grün-

Ungewohnter Anblick: Ein feingliedriges Jubilee-Band an einer Tool Watch mit Drehlünette gab es bei Rolex zuletzt kurz nach der Jahrtausendwende.

de, die neue GMT-Master II «Pepsi» (Ref. 116719BLRO) zu lieben. Wäre da nicht der heftige Preis von 31.000 Euro gewesen: Die «Pepsi» war erst einmal nur in Weißgold mit Oyster-Gliederband in Weißgold erhältlich.

VOLKSNAH IN EDELSTAHL

2018 stellte Rolex endlich die sehnsüchtig erwartete Edelstahl-Version der GMT-Master II mit «Pepsi»-Lünette aus Cerachrom vor. Bislang war die Mutter aller GMT-Uhren in Edelstahl nämlich nur mit einer schwarz und blau durchgefärbten Keramiklünette erhältlich. Und da muss man ganz klar feststellen: Die Neue mit der rot-blauen Lünette sieht schon besser aus! Doch auch wenn eingefleischte Rolex-Fans es anders sehen: Bei Rolex geht es niemals nur um die Optik – nicht einmal bei der neuen Referenz 126710BLRO. Als besonderes Schmankerl ist der über die Krone steuerbare Mechanismus mit dem schrittweise verstellbaren Stundenzeiger nämlich in ein Automatikwerk der jüngsten Generation integriert. Das Rolex Kaliber 3285 ist mit einer effizienten Chronergy-Hemmung mit Anker und Ankerrad aus amagnetischer Nickel-Phosphor-Legierung ausgestattet. Die blaue Parachrom-Spirale ist ebenfalls nicht magnetisierbar und trägt ihren Teil zu den hervorragenden Gangleistungen bei, die in einem gesonderten Regulierverfahren – nach dem Erlangen des COSC-Chronometerzertifikats – im eingeschalten Zustand des Uhrwerks auf +/- 2 Sekunden geprüft werden. Vierzehn Patente schützen die konstruktiven Details, die in ihrer Summe auch die Gangreserve auf 70 Stunden anheben.

Moderne Alchemie. Das Material Cerachrom gab es bislang nicht in Rot. Der scharfe Übergang zum Blau wird durch die chemische Umfärbung einer Hälfte der Lünette erzielt.

Seite gegenüber: Schwarz und Grün sind die Lünettenfarben, welche die 2022 lancierte GMT-Master II mit Krone links kennzeichnen.

OYSTER PERPETUAL GMT-MASTER II

REFERENZ: 126710BLRO

WERK: Automatik, Rolex Kaliber 3285; Ø 28,5 mm, Höhe 6,4 mm; 31 Steine; 28.800 A/h; Parachrom-Spirale, Paraflex-Stoßsicherung, Chronergy-Hemmung, Glucydur-Unruh mit Microstella-Reguliermuttern; Gangreserve 70 Std.; geprüfter Chronometer (COSC)

FUNKTIONEN: Stunden (per Krone schrittweise schaltbar), Minuten, Zentralsekunde; zusätzliche 24-Std.-Anzeige (zweite Zeitzone); Datum

GEHÄUSE: Edelstahl, Ø 40 mm, Höhe 13 mm; Lünette mit Keramikeinlage, beidseitig drehbar, mit 24er-Teilung; Saphirglas; Krone verschraubbar; wasserdicht bis 10 bar

BAND: Jubilee Edelstahl, Faltschließe mit Sicherheitsbügel und Feinverstellung

PREIS: € 11.000,–

JUBILEE-BAND AN EINER TOOL WATCH?

Was man sich bei Rolex wohl gedacht hat, als man bei der Wahl des Gliederbandes für die neue Stahl-«Pepsi» auf das fünfreihige Jubilee-Baumuster zurückgriff, das man sonst nur von den eleganten Oyster-Versionen her kennt, und es zu allem Überfluss auch noch mit einer Oysterclasp-Sicherheitsschließe bestückte? Vielleicht wollte man den treuen Markenfreunden, die nur wenige Jahre zuvor ein Vermögen für die Weißgold-«Pepsi» ausgegeben haben, noch ein kleines Alleinstellungsmerkmal lassen? Für diese Theorie spräche zumindest die Tatsache, dass sich das Jubilee-Band wegen geringfügig veränderter Bandhörner nicht einfach gegen ein normales Oyster-Gliederband aus Edelstahl austauschen lässt.

KRONE LINKS

Nach «Batman», «Coke» und «Pepsi» mit ihren charakteristischen zweifarbigen Cerachrom-Lünetten lanciert Rolex die neueste Version der – ebenfalls zweifarbigen – GMT-Master II zusätzlich mit einer an der linken Gehäuseflanke angeordneten Krone und einem Fensterdatum bei der «9». Das ist für Rechtsträger ganz praktisch, denn so lugt das Datumsfenster stets ein wenig unter der Manschette hervor. Linksträger profitieren von der neuen Position der Krone, die sich so bei stark abgewinkeltem Handgelenk nicht in den Handrücken bohrt.

Die Cerachrom-Zahlenscheibe in Grün und Schwarz ist eine noch nie da gewesene, exklusiv diesem Modell vorbehaltene Farbkombination. Ihre 24-Stunden-Einteilung korrespondiert mit einem grünen 24-Stunden-Zeiger mit Dreiecksspitze.

Die GMT-Master II mit Aufzugskrone links war eine Überraschung für alle Rolex-Jünger und wurde mit geteilten Meinungen und resignierenden Spekulationen bezüglich der Verfügbarkeit aufgenommen. Rolex jedenfalls bietet sie wahlweise mit Jubilee- oder Oyster-Band für 11.000 bzw. 11.200 Euro an.

PETER BRAUN

Komplizierte
und elegante Uhren

Die Konzentration auf wenige einfache und praktische Funktionen war für Rolex einst einer der Schlüssel zum Erfolg. Inzwischen sind ein paar technische Spezialitäten hinzugekommen, welche die Innovationskraft der Manufaktur illustrieren. Und die Eleganz erfährt eine neue Dimension.

ROLEX
OFFICIALLY CERTIFIED

Perfect Timing

Daytona in Florida gilt als Welthauptstadt der Geschwindigkeit. Bereits 1903 wurden an ihrem feinen Sandstrand Autorennen ausgetragen und im Laufe der Jahre serienweise neue Geschwindigkeitsrekorde aufgestellt. Der moderne Daytona International Speedway ist alljährlich Austragungsort des berühmten 24-Stunden-Rennens. Wer eine Uhr nach Daytona benennt, hat klare Vorstellungen.

Eine der Ikonen der Marke Rolex ist zweifellos der Cosmograph, die 1963 eingeführte Weiterentwicklung des klassischen Chronographen, wie es ihn in der Rolex-Kollektion schon seit den 1930er Jahren gab. Die Totalisatoren des neuen Cosmograph hoben sich mit ihrer stark kontrastierenden Farbe deutlich vom Zifferblatt ab: Schwarze Totalisatoren waren mit einem hellen Zifferblatt oder helle mit einem schwarzen Zifferblatt kombiniert. Heute nennt man dieses Farbschema «Panda» bzw. «Reverse Panda», wie amerikanische Sammler den Unterschied einst plakativ bezeichneten. Und damit befinden wir uns schon mitten in einer außergewöhnlichen Geschichte.

Die aktuelle Rolex Daytona mit kontrastierendem schwarzem oder weißem Zifferblatt und kratzfester Keramiklünette.

Der moderne Chronograph gewinnt an Profil: 1963 als Cosmograph mit schwarzem Zifferblatt und weißen Totalisatoren, 1964 erstmals mit dem roten Schriftzug «Daytona» und 1965 mit schwarzer Tachymeterlünette zum «Panda»-Zifferblatt.

WARUM DAYTONA?

Schon wenige Monate nach der Einführung des Cosmograph bot Rolex neue Zifferblätter an, darunter eines mit der zusätzlichen Beschriftung «Daytona» halbkreisförmig in roten Buchstaben über dem 12-Stunden-Totalisator bei der «6». Die ursprünglich auf Modelle für den US-amerikanischen Markt beschränkte Angabe war sehr wahrscheinlich auf Bitten der Rolex-Tochtergesellschaft in den Vereinigten Staaten hinzugefügt worden, um die Beziehung der Marke als offizieller Zeitnehmer zum Daytona International Speedway in Florida zu unterstreichen. Sie wurde nach und nach auf allen Zifferblättern eingeführt, und so verdrängte der Begriff Daytona bald die offizielle Modellbezeichnung Cosmograph.

Eine Spezialversion der Daytona wurde im Nachhinein als «Paul Newman Dial» bekannt, weil der berühmte amerikanische Schauspieler – zugleich Rennfahrer und Stilikone seiner Zeit – im Alltag einen Cosmograph mit diesem besonderen Zifferblatt trug. Charakteristisch war die Minuterie am Außenrand des Zifferblatts auf einem Band in derselben Kontrastfarbe wie die drei Totalisatoren, in einigen Fällen mit roter Graduierung. Die Totalisatoren waren der besseren Ablesbarkeit wegen typischerweise mit klötzchenförmigen Indexen versehen. 2017 stellte eine solche Daytona «Paul Newman» aus dem Nachlass des Namensgebers mit 17,7 Millionen Dollar einen absoluten Auktions-Weltrekord für eine Armbanduhr aus Stahl auf.

ROBUST UND WASSERDICHT

Bereits der erste Rolex-Armbandchronograph von 1939 war mit dem von Rolex Mitte der 1920er Jahre entwickelten wasserdichten Oyster-Gehäuse ausgestattet. Auch der Cosmograph war dank Oyster-Gehäuse robust und wasserdicht, da Boden und Aufzugskrone mit dem Mittelteil verschraubt sind, und zudem serienmäßig mit einem massiven Metallarmband versehen. Zu einer Zeit, als ein Chronograph mit Selbstaufzugsmechanismus eine noch unbewältigte technische Herausforderung darstellte, verfügte der Cosmograph über ein für seine Zuverlässigkeit und Präzision bekanntes Valjoux-Chronographenwerk mit Handaufzug.

1965 erlebte die Daytona einen weiteren Entwicklungssprung durch eine Version mit wasserdicht verschraubbaren Chronographendrückern, die das Oyster-Konzept vervollständigten und überdies eine versehentliche Betätigung der Drücker verhin-

Mit einem eigenen Chronographenkaliber für die Daytona setzte Rolex im Jahr 2000 ein deutliches Signal als voll integrierte Manufaktur. Die Platinversion von 2023 stellt das Automatikwerk erstmals unter einem Saphirglasboden zur Schau.

derten. Als Hinweis auf die erhöhte Wasserdichtheit wurde nun auf dem Zifferblatt die Beschriftung «Cosmograph» durch den Zusatz «Oyster» ergänzt. Eine weitere Neuerung bestand darin, dass die Tachymeterlünette jetzt mit einer schwarzen Plexiglasscheibe versehen war, deren weiße Graduierung die Ablesbarkeit verbesserte.

In den 1980er Jahren hatte die Handaufzugs-Daytona einen schweren Stand gegen die seit 1969 angebotenen Automatik-Chronographen. 1988 entschloss sich Rolex endlich, die Daytona auf Selbstaufzug umzustellen, und gab bei Zenith eine in vielen technischen Details modifizierte Version des Kalibers «El Primero» in Auftrag, wobei am Ende mehr als 50 Prozent der Komponenten durch speziell entwickelte Teile ersetzt wurden. Das so entstandene Kaliber 4030 verfügte unter anderem über eine Rolex-Unruh mit Microstella-Feinregulierung und eine Spirale mit Breguet-Endkurve, außerdem war die Schlagzahl von verschleißfördernden 36.000 A/h auf 28.800 A/h herabgesetzt worden. Dank penibler Qualitätskontrolle bei der Montage und systematischer Prüfungen wurde das Daytona-Automatikwerk als offizieller Schweizer Chronometer zertifiziert. Bei allen Versionen des neuen Modells stand in der Folge nicht mehr nur «Oyster Perpetual Cosmograph Daytona» auf dem Zifferblatt, sondern auch «Superlative Chronometer Officially Certified».

Das überarbeitete Design der Automatik-Daytona war die Grundlage für das heutige Erscheinungsbild des Cosmograph. Sein Oyster-Gehäuse wurde von 36 auf 40 mm Durchmesser vergrößert und mit einem Kronen-Flankenschutz versehen. Die Tachymeterlünette aus Metall wurde breiter und erhielt eine gravierte graduierte Skala mit 400 Einheiten. Neue Zeiger, neue Stundenmarker, neue umrandete Totalisatoren: Das Zifferblatt wurde moderner, bewahrte aber seinen unverwechselbaren Stil und seine Signatur in roter Schrift: Daytona.

Der unglaubliche Erfolg dieses neuen Modells war zweifellos der Renaissance der Mechanik in den frühen 1990er Jahren zu verdanken – ein Phänomen, an dessen Entstehen die Daytona sehr wahrscheinlich selbst maßgeblich beteiligt war. Und wie schon 1988, als die Gerüchte um eine Automatikvariante die Nachfrage nach den Handaufzugs-Cosmographen mit Valjoux-Technik befeuerten, stieg gegen Ende des Jahrtausends das Interesse an der Automatikversion als letzte Repräsentantin des 20. Jahrhunderts.

DAYTONA MILLENNIUM

Für die Einführung einer komplett überarbeiteten Version der Daytona gab es wohl kaum einen symbolträchtigeren Anlass als den Beginn eines neuen Jahrtausends. Das im Jahr 2000 von Rolex präsentierte neue Modell verkörperte – wie 37 Jahre zuvor der erste Cosmograph – den Chronographen der Zukunft.

Äußerlich lehnte sich das neue Modell bewusst an die Daytona von 1988 an. Die Neuerungen beim Oyster Perpetual Cosmograph Daytona des neuen Jahrtausends lagen in seinem Gehäuse verborgen. Das Modell verfügte über ein voll integriertes, eigens entwickeltes neues Chronographenwerk mit Selbstaufzugsmechanismus: das Kaliber 4130. Dieses Hochleistungsuhrwerk voller neuartiger und patentierter technischer Lösungen setzte nicht nur in puncto Robustheit, Zuverlässigkeit, Effizienz und Ganggenauigkeit, sondern auch hinsichtlich des Wartungskomforts neue Standards für Automatik-Chronographen.

Die besonderen Leistungen des Kalibers 4130 resultieren vor allem aus dem Einsatz einer vertikalen Kupplung zur Steuerung der Chronographenfunktion anstelle der klassischen horizontalen Kupplung. Das Verkuppeln zweier übereinanderliegender Scheiben ermöglicht einen extrem präzisen, ruckfreien Start der Zeitmessung, und die kraftfreie Kupplung erlaubt es, den Chronographen über längere Zeit ohne Beeinträchtigung der Ganggenauigkeit zu betreiben.

Im Kaliber 4130 ist es den Ingenieuren von Rolex gelungen, die für den Chronographenmechanismus notwendige Anzahl

Linke Seite: Bis heute sind Marke und Produkt eng mit dem 24-Stunden-Rennen in Daytona verbunden. Der Sieger des Langstreckenrennens erhält eine gravierte Uhr.

Die Daytona steht aber auch wie kaum ein anderer Chronograph für Eleganz: Lünette, Krone und Drücker sowie Armband-Mittelglieder in Gold verändern den Look komplett.

OYSTER PERPETUAL COSMOGRAPH DAYTONA «LE MANS»

REFERENZ: 126529LN

WERK: Automatik, Rolex Kaliber 4131; Ø 30,5 mm, Höhe 6,5 mm; 44 Steine; 28.800 A/h; Parachrom-Spirale, Paraflex-Stoßsicherung, Chronergy-Hemmung; Gangreserve 72 Std.; geprüfter Chronometer (COSC)

FUNKTIONEN: Stunden, Minuten, Kleine Sekunde; Chronograph

GEHÄUSE: Weißgold, Ø 40 mm, Höhe 12,8 mm; Lünette aus Cerachrom; Saphirglas; Krone und Drücker verschraubbar; wasserdicht bis 10 bar

BAND: Oyster Weißgold, Faltschließe mit Sicherheitsbügel und Feinverstellung

BEMERKUNG: Sondermodell anlässlich 100 Jahre Le Mans mit 24-Stunden-Totalisator

PREIS: € 50.400,–

VARIANTEN: Standard-Daytona in Edelstahl ab € 14.850,–

von Komponenten um 60 Prozent zu reduzieren. Sie haben insbesondere das System der Stunden- und Minutentotalisatoren – das traditionell aus zwei separaten Mechanismen beiderseits des Uhrwerks bestand – bedeutend vereinfacht, indem sie diese in einem einzigen, geschickt auf einer Seite des Uhrwerks untergebrachten Modul mit dezentraler Kupplung zusammengefasst haben.

Der damit gewonnene Raum wurde genutzt, um eine größere Zugfeder unterzubringen und auf diese Weise die Gangreserve des Uhrwerks von etwa 50 auf 72 Stunden zu erhöhen.

Eine durchgehende, beidseitig aufliegende Brücke hält Unruh und Hemmung sicher fixiert, doch eine der spektakulärsten neu eingeführten Innovationen war die Parachrom-Breguet-Spirale. Diese von Rolex entwickelte, patentierte und im Hause hergestellte Spiralfeder aus einer Niob-Zirkonium-Legierung ist absolut unempfindlich gegenüber Magnetfeldern, erweist sich bei Temperaturschwankungen als äußerst stabil und arbeitet außerdem bis zu zehnmal präziser als eine herkömmliche Spirale.

Zum 100. Jubiläum der 24 Stunden von Le Mans lancierte Rolex eine weißgoldene Daytona mit 24-Stunden-Totalisator und Glasboden.

DIE JÜNGSTE GENERATION

Bei der 2016 vorgestellten neuen Daytona mit der (unveränderten) Referenznummer 116500 ist die charakteristische Tachymeterlünette aus einem massiven Block aus der Hightech-Keramik Cerachrom gefertigt. Aufgrund ihrer Härte ist die Lünette nun nicht nur äußerst kratzfest, sondern auch farblich UV-resistent und korrosionsbeständig. Zu der extremen Langlebigkeit kommt die außerordentlich gute Ablesbarkeit der Ziffern auf der Tachymeterskala hinzu. Die Graduierung wird zunächst in der Keramikmasse ausgebildet und dann im PVD-Verfahren (Physical Vapour Deposition) mit einer feinen Platinschicht bedampft.

Zum 60. Jubiläum erfuhr die Daytona 2023 eine leichte Modellpflege. Im Vergleich stellt man fest, dass die neue Daytona schlankere Stundenmarker und schmalere Umrandungen um die Totalisatoren trägt. Aber auch in Kombination mit den überarbeiteten – nun symmetrischen – Bandanstößen und der polierten Einfassung für die Cerachrom-Lünette bleibt der Grundcharakter der Uhr eigentlich unverändert.

Die größten Neuerungen betreffen das erstmalig verbaute Manufakturkaliber 4131, das gegenüber dem Vorgängerkaliber 4130 einige firmenspezifische neue Technologien integriert. Maßgeblich sind dabei vor allem die Chronergy-Hemmung mit Paraflex-Stoßsicherung und das bessere Kugellager des schwerpunktoptimierten Aufzugsrotors. Unverändert bleibt dagegen die Chronographen-Gruppe mit Steuerung per Schaltrad und vertikaler Kupplung zum ruckfreien Start der Stoppsekunde. Da sich bei den meisten Varianten der Daytona ein massiver Gehäuseboden auf der Rückseite befindet, wird kaum ein Besitzer in den Genuss kommen, das ausgefeilte Manufakturwerk zu bewundern, das im Gegensatz zum 4130 mit einem neuartigen Streifenschliff verziert wird.

Kaum einer heißt aber nicht niemand: Wer sich nämlich für die Platinvariante mit eisblauem Zifferblatt und braunen Details entscheidet, darf sich erstmals in der Geschichte über einen Sichtboden freuen und kann die Werkfunktionen unter einem skelettierten Rotor aus Massivgold beobachten.

EINE DAYTONA FÜR LE MANS

Auch die neue Daytona-Version in Weißgold, die Rolex 2023 anlässlich des 100-jährigen Jubiläums des 24-Stunden-Rennens von Le Mans aufgelegt hat, verfügt über einen transparenten Saphirglasboden. Das Kaliber 4132 unterscheidet sich von dem Uhrwerk der «normalen» Daytona durch einen 24-Stunden-Totalisator anstelle des 12-Stunden-Zählers bei der «9», und an der Cerachrom-Tachymeterlünette ist die Zahl «100» rot ausgelegt. Die Tachymeterskala, ein wesentliches Element der Daytona seit ihrer Vorstellung im Jahr 1963, ist eine Graduierung, mit der Durchschnittsgeschwindigkeiten mithilfe des Zentralsekundenzeigers gemessen werden können. Die Messung erfolgt über eine festgelegte Distanz von einem Kilometer oder einer Meile, das Ergebnis wird direkt in bis zu 400 Kilometer oder Meilen pro Stunde angezeigt.

PETER BRAUN

ROLEX
OYSTER PERPETUAL
SUPERLATIVE CHRONOMETER
OFFICIALLY CERTIFIED
SWISS
MADE
YACHT-MASTER II

Countdown
für Fortgeschrittene

Die Rolex Oyster Perpetual Yacht-Master II mit ihrem in Minutenschritten programmierbaren Countdown-Zähler avancierte 2007 zum beliebtesten Männerspielzeug. Die «normale» Yacht-Master propagiert seit 2015 einen neuen Look mit sportlichen Kautschukelementen und ist seit 2023 auch in Titan RLX erhältlich.

Die Yacht-Master II wurde 2007 mit dem neu entwickelten Kaliber 4161 ausgestattet, dessen 360 Komponenten dem Uhrenkenner eine Ahnung von der Komplexität des Mechanismus geben. Dieser verfügt wie das Daytona-Chronographenwerk Kaliber 4130 über ein Schaltrad und eine vertikale Kupplung. Das Herz des Uhrwerks schlägt mit 28.800 A/h und ist mit einer blauen Parachrom-Breguet-Spirale von Rolex ausgerüstet, die um mehr als das Zehnfache widerstandsfähiger gegen Erschütterungen und unempfindlicher gegenüber Magnetfeldern sein soll. Selbstverständlich wird das Werk von der unabhängigen Schweizer Prüfinstanz COSC (Contrôle Officiel Suisse des Chronomètres) auf seine Ganggenauigkeit geprüft.

Der Rückwärtszähler lässt sich in Minutenschritten (bis maximal zehn Minuten) vorprogrammieren und wird über die beiden Drücker und die einseitig um 90° drehbare «Ring Command»-Lünette bedient. Im Grunde kann man die Einstellungen bei angelegter Uhr mit einer Hand vornehmen, doch dazu muss man zunächst einmal das System verstehen.

Durch Verdrehen der «Ring Command»-Lünette wird der Start-Stopp-Drücker (bei der «2») gesperrt und gleichzeitig eine zusätzliche Kronenfunktion ermöglicht.

Wenn man nun nämlich den Reset-Drücker (bei der «4») drückt und er einrastet, wirkt die Aufzugskrone in Position 1 (normalerweise «Aufziehen») unmittelbar auf den Countdown-Minutenzeiger.

OYSTER PERPETUAL YACHT-MASTER II

REFERENZ: 116681

WERK: Automatik, Rolex Kaliber 4161 (Basis Kaliber 4130); Ø 31,2 mm, Höhe 8,05 mm; 42 Steine; 28.800 A/h; Parachrom-Spirale, Glucydur-Unruh mit Microstella-Reguliermuttern; Gangreserve 72 Std.; geprüfter Chronometer (COSC)

FUNKTIONEN: Stunden, Minuten, Kleine Sekunde; programmierbarer Regatta-Countdown mit Speicher

GEHÄUSE: Edelstahl, Ø 44 mm, Höhe 13,8 mm; Lünette in Roségold mit Keramikeinlage, beidseitig drehbar; Saphirglas; Krone verschraubbar; wasserdicht bis 10 bar

BAND: Oyster Edelstahl mit Roségoldelementen, Faltschließe mit Sicherheitsbügel und Feinverstellung

PREIS: € 24.900,–

VARIANTEN: in Gelbgold (€ 42.700,–); in Edelstahl (€ 18.350,–)

Dieser lässt sich in Minutenschritten auf eine Countdown-Zeit einstellen. Nach dem Zurückdrehen der Lünette in ihre ursprüngliche Position springt der Reset-Drücker wieder heraus und die Krone kann wasserdicht verschraubt werden.

Bei Betätigen des (nun wieder entriegelten) Start-Stopp-Drückers wird die Countdown-Messung eingeleitet. Natürlich kann sie durch erneutes Betätigen des Start-Stopp-Drückers jederzeit unterbrochen – und fortgesetzt – werden. Bei gestoppter Messung setzt ein Druck auf den Reset-Knopf den Countdown auf die zuletzt voreingestellte Zeit. Der Clou: Bei laufender Messung funktioniert der Reset wie ein Flyback, d. h. der Sekundenzeiger springt auf null und der Minutenzähler auf die vorherige oder nächste Minute – je nach Stellung des Sekundenzeigers. So kann man einen bereits gestarteten Countdown nach einem offiziellen optischen oder akustischen Signal synchronisieren.

Das Gehäuse der Yacht-Master II hat einen Durchmesser von 44 Millimetern und wird aus einem massiven Block Metall – Edelstahl, Gelbgold oder Weißgold – hergestellt.

Die Lünette der Gelbgoldversion ist mit einer blauen Keramik-Ziffernscheibe ausgestattet, die – recht plakativ – den Schriftzug «Yacht-Master II» trägt. Die Lünette der Weißgoldausführung hingegen ist aus Platin gefertigt und zeigt die Ziffern im Relief.

YACHT-MASTER MIT OYSTERFLEX-BAND

Das Armband einer Rolex ist ein wichtiger Bestandteil der Uhr und wird generell mit einem Namen versehen. Die Gliederbänder heißen Oyster, President oder Jubilee, und 2015 kam Oysterflex hinzu, ein zum Patent

angemeldetes Kautschukband, dessen Kern feine Metallspangen aus Nickel und Titan bilden. Diese verleihen dem Band Stabilität und schützen es vor Schnitten, wobei sie die Beweglichkeit in keinster Weise beeinträchtigen.

Der feinmaschige Metallkern ist mit einem Elastomer umhüllt, der beim Anlegen der Haut schmeichelt. Dazu tragen auch die gut ausgeformten Polsterelemente bei. Das Band ist weder verstell- noch kürzbar, daher bietet Rolex für die beiden lieferbaren Gehäusegrößen (37 und 40 mm) insgesamt sechs verschiedene Bandlängen an, die alle mit einer Faltschließe mit Feineinstellung kombiniert werden. Anfangs war dieses Band ausschließlich für die Yacht-Master zu bekommen, und zwar für das Modell in Roségold, das bei Rolex «Everose» heißt.

Der einseitig drehbare Tauchring ist ebenfalls aus Everose gefertigt, die Einlage aus dem Keramik-Werkstoff Cerachrom. Angetrieben wird die 40-Millimeter-Yacht-Master inzwischen vom Rolex Manufakturkaliber 3235, ausgestattet mit der hauseigenen gebläuten Parachrom-Breguet-Spirale und wie fast alle Rolex-Uhren von der COSC als Chronometer zertifiziert.

Die roségoldene Yacht-Master kommt seit 2015 in den Genuss des Oysterflex-Armbandes, das auf den ersten Blick wie ein ordinäres Kautschukband aussieht, in Wirklichkeit jedoch über ein Innenleben aus feinen Stahlelementen verfügt. Auf der Seite gegenüber die Yacht-Master II in Weißgold.

ROLEX
OYSTER PERPETUAL
SUPERLATIVE CHRONOMETER
OFFICIALLY CERTIFIED
SWISS MADE
YACHT-MASTER II

DIE ÄRA DER TITANEN

Nach der Vorstellung der extremen Deepsea Challenge Ende 2022 musste jedermann klar sein, dass dem Gehäusematerial Titan bei Rolex eine glänzende Zukunft bevorsteht. Die neue Yacht-Master 42 sollte diese Prognose auf der Uhrenmesse Watches and Wonders 2023 in Genf bestätigen. Das Material heißt Titan RLX und ist eine hochwertige Legierung im Grade-5-Spektrum. Bereits die Haptik der samtenen Oberflächen nimmt Kritikern des Leichtmetalls den Wind aus den Segeln. Das Oyster-Band – übrigens das erste in Titan – fließt geschmeidig ums Handgelenk und hat doch bemerkenswert wenig Spiel in den Gelenken: Weil Oberflächen in Titan bei Bewegungen auf Titan zum Festfressen neigen, stecken die Stifte der Bandkonstruktion in hauchdünnen Keramikhülsen und sind so vor direktem Kontakt mit den Titangliedern abgeschirmt. Auch die Oysterlock-Sicherheitsfaltschließe ist mit solchen Keramikhülsen ausgestattet und wirkt trotz ihres geringen Gewichts robust und massiv. Titan – es kommt halt darauf an, was man daraus macht!

Die Ausstattung der Yacht-Master 42 in Titan RLX bewegt sich auf höchstem Rolex-Niveau. Das Automatikwerk vom Kaliber 3235 glänzt mit Chronergy-Hemmung, Parachrom-Spirale und Paraflex-Stoßsicherung und wird über die COSC-Zertifizierung hinaus durch das hauseigene Rolex-Prüfprogramm zu einem «Chronometer der Superlative».

Die 1992 eingeführte Yacht-Master ist keine typische Taucheruhr. Sie war stets als Instrument für Skipper gedacht, und so lässt sich ihre auf 60 Minuten (oder Sekunden) graduierte Lünette in beide Richtungen verdrehen, was manche Countdown-Aufgaben vereinfacht und beschleunigt. Ganz in Titan RLX gefertigt, bringt die robust dimensionierte 42-mm-Uhr samt Armband nur wenig mehr als 110 Gramm auf die Waage – ein Tragekomfort, an den man sich leicht gewöhnen kann. ♛

MARTIN HÄUSSERMANN, PETER BRAUN

Das Zeitalter der Titanen ist angebrochen: Die 2023 präsentierte Yacht-Master 42 ist als erstes Großserienmodell in Titan RLX erhältlich.

OYSTER PERPETUAL YACHT-MASTER 42

REFERENZ: 226627

WERK: Automatik, Rolex Kaliber 3235; Ø 29,1 mm, Höhe 6 mm; 31 Steine; 28.800 A/h; Parachrom-Spirale, Paraflex-Stoßsicherung, Chronergy-Hemmung; Gangreserve 48 Std.; geprüfter Chronometer (COSC)

FUNKTIONEN: Stunden, Minuten, Zentralsekunde; Datum

GEHÄUSE: Titan RLX, Ø 42 mm, Höhe 11,9 mm; Lünette mit Keramikeinlage, beidseitig drehbar, mit 60er-Teilung; Saphirglas; Krone verschraubbar; wasserdicht bis 10 bar

BAND: Titan RLX, Faltschließe mit Feinverstellung

PREIS: € 13.800,–

Für Flieger und Überflieger

Die Rolex Sky-Dweller wurde 2012 ebenfalls mit der «Ring Command» genannten Drehlünette versehen, über die sich komfortabel zusätzliche Funktionen steuern lassen. In diesem Fall dient sie der Zuordnung verschiedener Kronenaufgaben.

GMT- oder Weltzeit-Uhren lassen sich – bevorzugt einfach und schnell – nach einer Flugreise auf die neue Ortszeit einstellen und behalten dennoch stets die Heimatzeit im Sinn. Das ist praktisch und offensichtlich auch bei der Kundschaft beliebt, andernfalls würde sich diese Funktion nicht stetig wachsender Beliebtheit erfreuen.

Rolex hat mit der GMT-Master II und der Explorer II bereits seit Jahrzehnten funktionelle Zeitzonenuhren im Portfolio, doch es geht inzwischen auch komfortabler und moderner.

FÜR HIMMELSBEWOHNER

Das 2012 präsentierte Modell Sky-Dweller heißt – in Anlehnung an die Taucheruhr Sea-Dweller – wörtlich übersetzt «Himmelsbewohner» und meint wohl gleichermaßen die Uhr und ihren Träger. Für die Sky-Dweller hat Rolex das neue Uhrwerk Kaliber 9001 entwickelt, das neben der zweiten Zonenzeit auch einen Jahreskalender bietet. Diese Uhr kann Monate mit 30 und 31 Tagen auseinanderhalten und schaltet immer zur richtigen Zeit auf den Ersten des nächsten Monats weiter. Nur Ende Februar muss manuell korrigiert werden, und zwar über mehrere Tage, denn der Februar des Rolex-Kalenders hat 31 Tage.

Ein wesentliches Bedienelement dieser Uhr ist die beidseitig drehbare, geriffelte Lünette namens «Ring Command». Mit ihrer Hilfe wählt der Träger aus, welche Anzeige er verändern will, und mit der Krone stellt er sie ein.

Im Detail funktioniert das so: Zuerst schrauben wir die Krone auf und ziehen sie heraus. Noch tut sich nichts. Dann drehen wir die Lünette, um dabei die vier Rastpositionen zu ertasten, was anfangs ein wenig Übung kostet.

Drehen wir die Lünette gegen den Uhrzeigersinn auf die vierte und letzte Position: Hier beginnt das Procedere mit der Einstellung der Heimat- oder Referenzzeit, die durch die 24-Stunden-Scheibe und den Minutenzeiger dargestellt wird. In dieser Lünettenposition wirkt auch der Sekundenstopp, den wir für die sekundengenaue Einstellung der Uhr benötigen.

Die 24-Stunden-Scheibe im Zifferblatt der Sky-Dweller zeigt die Heimatzeit an, abzulesen an der roten Pfeilmarkierung.

ROLEX
OFFICIALLY CERTIFIED
SWISS

Dann wandert die Lünette um eine Raste im Uhrzeigersinn. Der Sekundenzeiger läuft wieder an. In dieser Position erfolgt die Einstellung der Lokalzeit, indem wir mit der Krone den Stundenzeiger stellen. Diese Funktion werden Flugreisende nach einem Wechsel der Zeitzone gern nutzen, zumal die Uhr dazu nicht angehalten werden muss und so genau weiterläuft, wie eine Rolex eben läuft.

Zu guter Letzt erfolgt die Einstellung von Datum und Monat. Dazu drehen wir die Lünette wieder vorsichtig im Uhrzeigersinn eine Raste weiter. Mit der Krone schalten wir nun das Datum so lange fort, bis die Monatsindikation auf die richtige Position springt. Die entdeckt der Nichteingeweihte erst auf den zweiten oder dritten Blick, denn es handelt sich nicht um eine Anzeige mit Monatsnamen oder -kürzeln. Vielmehr nutzt Rolex die römischen Ziffern der Zeitanzeige auch für die Monatsindikation. Oberhalb jeder Ziffer – I für Januar, II für Februar usw. – findet sich dementsprechend

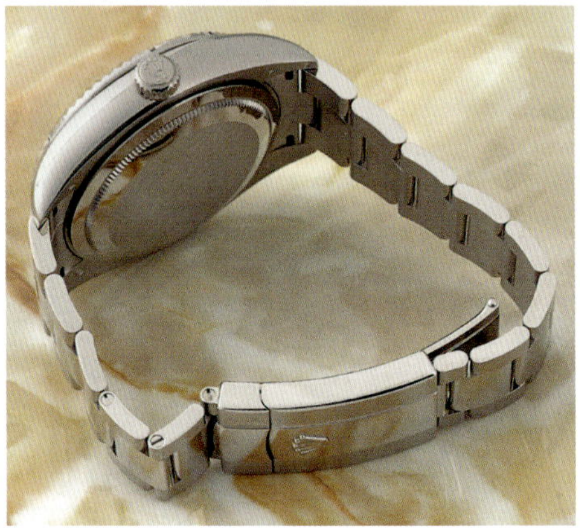

Die Monatsanzeige des Jahreskalenders nutzt die zwölf Stundenziffern bzw. die zwölf kleinen Anzeigefenster daneben. Unten: Das Rolex-Manufakturwerk präsentiert sich schnörkellos konstruiert und tadellos verarbeitet.

ein kleines Fenster, das im aktuellen Monat schwarz ausgefüllt ist.

Nun stellen wir noch das Datum und bewegen die Lünette in ihre Ausgangsposition – fertig. Allfällige Korrekturen werden dann auf den jeweiligen Einstellpositionen vorgenommen. Die Krone auf der Krone steht nach dem Verschrauben immer senkrecht zur Zifferblattebene – auch das ist übrigens patentiert.

KOMPLIZIERTES INNENLEBEN

Wie bei allen in den vergangenen Jahren neu lancierten Oyster-Modellen wird auch im neuen Kaliber 9001 die blaue Parachrom-Spiralfeder mit Breguet-Endkurve eingesetzt, die Rolex selbst entwickelt hat und auch selbst herstellt. Die verwendete Legierung ist nach Angaben von Rolex vollkommen amagnetisch und wesentlich stoßsicherer als andere handelsübliche Spiralen. Der Alltagstauglichkeit dienen die hauseigene «Paraflex»-Stoßsicherung und eine Wasserdichtheit bis 10 atm (Druck in 100 Meter Wassertiefe). Wie alle mechanischen Uhren von Rolex ist auch die Sky-Dweller chronometergeprüft.

Rolex beschränkt sich bei der Sky-Dweller auf ein 42-Millimeter-Gehäuse, das rund 14 Millimeter hoch baut. So wirkt sie auch an unserem vergleichsweise schmalen Handgelenk nicht überdimensioniert, glänzt aber auch nicht durch übertriebene Zurückhaltung. Und sie trägt sich dank des perfekt verarbeiteten massiven Oyster-Bandes sehr angenehm. Dessen Faltschließe ist vertrauenerweckend aus dem Vollen gefräst und öffnet sich nur auf Wunsch des Trägers. ♛

MARTIN HÄUSSERMANN, BILDER VON JÖRG HAJT

OYSTER PERPETUAL SKY-DWELLER

REFERENZ: 336238

WERK: Automatik, Rolex Kaliber 9002; Ø 33 mm, Höhe 8 mm; 40 Steine; 28.800 A/h; Parachrom-Spirale, Paraflex-Stoßsicherung, Glucydur-Unruh mit Microstella-Reguliermuttern; Gangreserve 72 Std.; geprüfter Chronometer (COSC)

FUNKTIONEN: Stunden, Minuten, Zentralsekunde; zusätzliche 24-Std.-Anzeige (zweite Zeitzone); Jahreskalender mit Datum und Monat

GEHÄUSE: Gelbgold, Ø 42 mm, Höhe 14,1 mm; Lünette beidseitig drehbar zur Steuerung der Funktionen; Saphirglas; Krone verschraubbar; wasserdicht bis 10 bar

BAND: Kautschuk Oysterflex, Faltschließe mit Feinverstellung

PREIS: € 40.350,–

Seit drei Jahren gibt es die Sky-Dweller in Gold auch mit dem Oysterflex-Band mit längenverstellbarer Faltschließe.

Neuer Maßstab für Eleganz

In der Rolex-Kollektion hatten elegante Herrenuhren stets einen festen Platz. Diesen nimmt seit Anfang 2023 ein neues Modell ein: Die Perpetual 1908 setzt mit ihrer klassischen Ästhetik und einem flachen Uhrwerk einen neuen Maßstab.

Rolex gilt als Synonym für sportliche und robuste Uhren. Doch Liebhaber wissen, dass die Marke auch eine andere Seite hat, die der klassischen Eleganz gewidmet ist: Zur Kollektion gehören Dress Watches, die ebenfalls die Rolex-Tugenden verkörpern – also Perfektion in jedem Detail von Werk und Ausstattung.

Dennoch ist die Geschichte der eleganten Uhren bei Rolex nicht so erfolgreich wie die der Sportuhren. Die Cellini, die in den vergangenen Jahren die klassische Seite von Rolex verkörperte, konnte nie aus dem Schatten der populären Sportuhren heraustreten. Die elegante Uhr war bereits 1961 eingeführt und 1980 nach einem Relaunch wieder in die Kollektion aufgenommen worden. 2014 wurde die Linie um gleich mehrere Versionen erweitert. Dass diese nicht so begehrt wie die Sportuhren waren, zeigt ein Blick auf Plattformen von Vintage-Uhren: Dort schlugen die Cellini-Preise nicht einmal Kapriolen, als Rolex das Ende der Linie verkündete. Vielmehr blieben sie am Boden bzw. nahe an der offiziellen Preisliste. Und ältere Modelle sind zu durchaus zivilen Preisen erhältlich.

Zeit also, das Thema Dress Watch neu anzugehen: Anstelle der Cellini kommt nun die Perpetual 1908, die Rolex im Frühjahr 2023 präsentierte. Die Zahl 1908 bezieht sich auf das Jahr der Markenregistrierung von Rolex. Die Modelle sind der Auftakt zu einer ganz

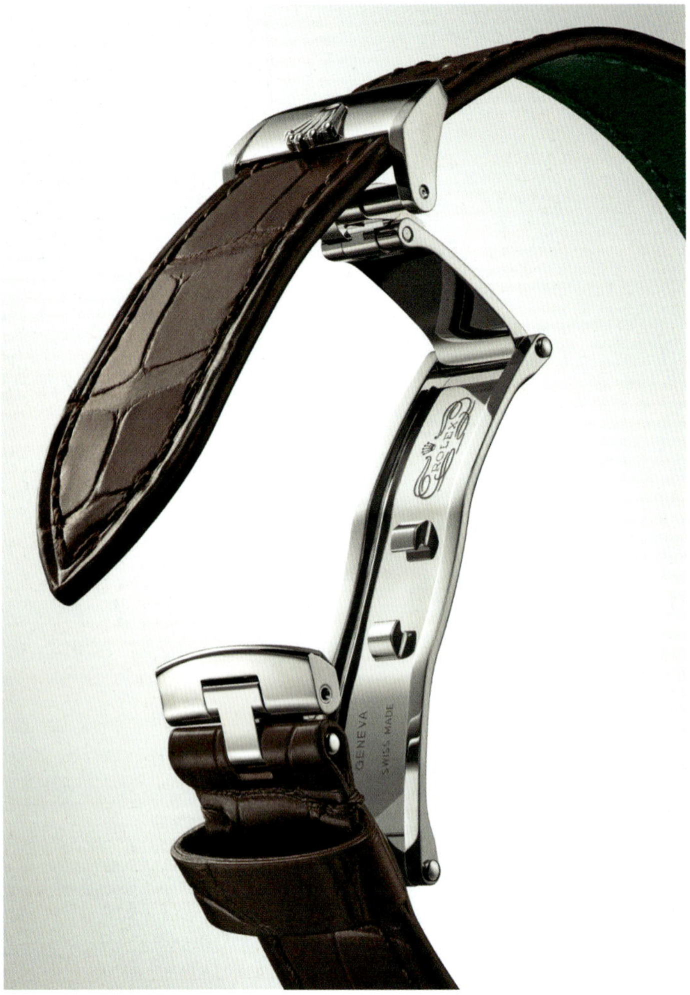

Klassischer Look, modernes Innenleben: Die Perpetual 1908 verfügt über ein neu konstruiertes extraflaches Automatikkaliber.

neuen Kollektion von Rolex und stießen nach ihrer Vorstellung auf eine positive Resonanz. So begrüßten die Rolex-Fachhändler die Perpetual 1908 als willkommene klassische Ergänzung des Angebots. Zum Auftakt gibt es die Dress Watch in Gelbgold für 22.000 Euro bzw. in Weißgold für 23.300 Euro.

Zu den Merkmalen der Perpetual 1908 gehört ein 39-Millimeter-Goldgehäuse mit schwarzem oder weißem Zifferblatt. Ganz in der Tradition von Rolex ist die bombierte, dezent geriffelte Lünette, wie man sie ähnlich bei der Cellini fand.

Das Zifferblatt gibt sich offen und klassisch: mit einer Kleinen Sekunde bei der «6», den ausgeschriebenen Ziffern «3», «9» und «12», langen Stundenmarkern und einem Stundenzeiger mit einem Kreis nahe der Spitze – laut Rolex eine Neuinterpretation der «Professional»-Zeiger. Bei der «6» findet sich eine winzige Rolex-Krone zwischen «Swiss» und «made» – Zeichen für die Verwendung eines Uhrwerks der neuesten Generation.

Tatsächlich arbeitet in der Perpetual 1908 ein völlig neues Werk, das Kaliber 7140, das mit einer Höhe von 4,05 Millimetern rund 35 Prozent flacher als vergleichbare Werke ausfällt und ein nur 9,5 Millimeter hohes Gehäuse ermöglicht. Das Uhrwerk bietet 66 Stunden Gangreserve und Rolex-Innovationen wie die antimagnetische Chronergy-Hemmung, die Syloxi-Spirale aus Silizium und die Paraflex-Stoßsicherung.

Die Brücken des Uhrwerks sind erstmals mit «Rolex Côtes de Genève» dekoriert, einer Interpretation der klassischen Genfer Streifen. Und das ist tatsächlich zu sehen, denn die neue Perpetual 1908 hat einen Saphirglasboden, was angesichts der ästhetischen Mechanik große Freude bereitet.

Dieses Detail verweist ebenso wie die nicht verschraubte Krone auf das Wesen als Dress Watch. Insgesamt, so urteilt Rolex selbst, sei die Perpetual 1908 «die Neuinterpretation des traditionellen Uhrenstils» und vereine die «Quintessenz des uhrmacherischen Know-how und das ästhetische Erbe von Rolex». ♛

IRIS WIMMER-OLBORT

PERPETUAL 1908

REFERENZ: 52508

WERK: Automatik, Rolex Kaliber 7140; Ø 28,5 mm, Höhe 4,05 mm; 38 Steine; 28.800 A/h; Syloxi-Spirale, Paraflex-Stoßsicherung, Chronergy-Hemmung; Gangreserve 66 Std.; geprüfter Chronometer (COSC)

FUNKTIONEN: Stunden, Minuten, Kleine Sekunde

GEHÄUSE: Gelbgold, Ø 39 mm, Höhe 9,5 mm; Saphirglas; Boden mit Sichtfenster; wasserdicht bis 5 bar

BAND: Reptilleder, Doppelfaltschließe

PREIS: € 21.600,–

VARIANTEN: in Weißgold (€ 22.900,–)

CHRONOMETER
PERPETUAL

Die
KRÖNUNG

Im Rahmen eines Besuchs der vier Fertigungsstätten in Genf und Biel gelangen uns tiefe Einblicke in die Struktur und Funktionsweise der größten Schweizer Uhrenmanufaktur.

ROLEX
OYSTER PERPETUAL
DAY-DATE

Vier große Klassiker: Rolex Oyster Perpetual Yacht-Master II, Cosmograph Daytona, GMT-Master II und Submariner Date.

Rolex ist ein Phänomen. Keine andere europäische Uhrenmanufaktur verkauft jährlich so viele – ausschließlich mechanische – Uhren, keine andere Uhrenmarke hat sich im letzten Jahrhundert so gut entwickelt und in den letzten Jahrzehnten so erfolgreich etabliert.

In den vergangenen 112 Jahren ist aus der von Hans Wilsdorf geschaffenen Marke Rolex eine Ikone geworden, und heute vermutlich einer der profitabelsten Uhrenhersteller der Welt. Das hat zweifellos mit der von Anfang an gelungenen Kommunikation zu tun – zum Beispiel mit einer jungen Schwimmerin, die 1927 mit einer Rolex den Ärmelkanal durchschwimmt und sich anderntags auf der Titelseite der *Daily Mail* wiederfindet. Aber auch mit Staatsmännern, Sportlern und Filmstars, die wie selbstverständlich öffentlich ihre Rolex zur Schau tragen.

Mindestens genauso wichtig für den Erfolg ist die hohe Eigenständigkeit dieses Unternehmens. Das gilt für die Modellpolitik und das vielfach kopierte Design, vor allem aber für das technische Know-how. Rolex ist die Uhrenmarke mit der wohl höchsten Fertigungstiefe in Europa. Als Stiftung vom Druck der Aktionäre und der Gier einzelner Besitzer befreit, konnte – ja, musste – Rolex den erwirtschafteten Gewinn immer wieder in die Firma stecken. Neben modernen Produktionsmaschinen und großzügigen Gebäuden investierte man in den letzten Jahrzehnten mit Vorliebe in den Kauf und die Integration ehemals externer Zulieferer.

Heute konstruiert und produziert der Gigant einfach alles im eigenen Hause, abgesehen von Lederbändern, Zeigern und Saphirgläsern. Seit einigen Jahren gehört Rolex auch in den erlauchten Kreis der Uhrenhersteller, die in der Lage sind, ihre eigenen Unruhspiralen herzustellen. Und das nicht etwa in homöopathischen Stückzahlen: In jüngerer Vergangenheit dürfte die Zahl jährlich produzierter Uhren zwischen 700.000 und 800.000 gelegen haben. Offizielle Zahlen gibt es von Rolex zwar nicht, weil man als Stiftung nur eingeschränkt publikationspflichtig ist. Doch weil Rolex inzwischen all seine Uhrwerke zur Prüfung bei der Offiziellen Schweizer Chronometerprüfanstalt COSC vorlegt – und zwar in deren Niederlassung in Biel –, lassen sich zumindest halbwegs realistische Zahlen nennen.

Damit ist eine Rolex-Uhr ganz sachlich betrachtet ein Massenprodukt, doch die stets knapp gehaltene Versorgung der Märkte mit besonders nachgefragten Modellen macht diese zu echten Luxusgütern – aus Stahl! Auch in Sammlerkreisen ist Rolex ein beliebtes Thema, nicht zuletzt wegen des hohen Werterhalts. Das alles kommt nicht von ungefähr, wie unsere Redaktionsmitglieder Peter Braun und Martin Häußermann unlängst bei einem Besuch aller vier Rolex-Fertigungsstätten in Genf und Biel herausfanden.

Rolex in Les Acacias:

FIRMENZENTRALE UND ENDMONTAGE

Beginnen wir im Hauptquartier. Seit 1965 werden die Geschicke von Rolex im Genfer Stadtteil Les Acacias bestimmt. Der Gebäudekomplex, der von Oktober 2002 bis Oktober 2006 grundlegend modernisiert wurde, wirkt von außen wie auch von innen sehr beeindruckend. Er erscheint uns gleichsam als eine Chiffre für die ganze Marke. Er geht mit sechs Stockwerken nicht nur hoch hinaus, sondern mit vier Untergeschossen auch in die Tiefe.

Wie auch in den beiden anderen Genfer Fertigungsstätten dominieren Fassaden aus Glas und Stahl die hochmodernen Bauten. In dem schlanken Verwaltungshochhaus mit grüner Glasfassade – rauchschwarze Glasflächen kennzeichnen bei Rolex die Produktionsstätten – fallen nicht nur die gesamten zentralen Unternehmensentscheidungen, sondern hier werden auch Sponsoring-Aktivitäten gesteuert und der Vertrieb der Uhren organisiert. Ferner sind an diesem Standort auch die Design- sowie die Forschungs- und Entwicklungsabteilung zu Hause, ebenso wie Kundendienst, Montage und Endkontrolle.

Klinische Sauberkeit ist bei der Uhrenmontage oberste Pflicht. Der Raum wird durch Luftschleusen und nur mit speziellen Schuhen – als Besucher erhalten wir Überschuhe – und Arbeitsmänteln betreten. Schließlich wird hier unter Reinraumbedingungen gearbeitet. Permanenter Überdruck im Produktionssaal sorgt dafür, dass

Rolex-Firmenzentrale in Genf Les Acacias. Das schlanke Hochhaus ist seit 1965 das Wahrzeichen des Standorts, der zwischen 2002 und 2006 komplett renoviert wurde.

Verwaltungsgebäude sind bei Rolex grün und Produktionseinrichtungen schwarz verglast.

Gemeinsames Merkmal aller Produktionsstätten der Firma Rolex sind die großzügigen Platzverhältnisse und die penible Sauberkeit.

Immer wieder beeindruckend ist der trotz hoher Industrialisierung große Anteil an händischer Arbeit, sowohl bei der Montage als auch bei der Kontrolle.

kein schädlicher Staub in die Uhren eindringen kann.

Die Montage der Uhren ist als Gruppenproduktion organisiert. Teams von jeweils 12 bis 14 Menschen arbeiten komplett autark. Am Anfang der Woche erhalten sie ihr Wochenarbeitsziel und entscheiden dann, wer welche Montageschritte erledigt. So wird trotz extrem arbeitsteiliger Praxis Monotonie vermieden, es werden Erfahrungen mit allen Kalibertypen gesammelt. Das trägt zu einer hohen Fertigungsqualität bei. An jedem Arbeitsplatz werden bis zu acht verschiedene Montagevorgänge ausgeführt.

Obwohl hier insgesamt 150 Menschen auf zwei Etagen an langen Werktischen sitzen, herrscht konzentrierte Stille. Es ist nicht viel zu hören, mit Ausnahme vielleicht des Summens der kleinen Elektroschrauber, die natürlich immer auf das jeweils notwendige Anzugsdrehmoment eingestellt sind. Zur Montage der Automatikbrücke sind übrigens genau 3 Newtonzentimeter notwendig.

Die Uhrwerke werden in staubdichten Kunststoffbehältern angeliefert, und zwar aus Biel, wo Rolex ausnahmslos alle Uhrwerke herstellt und dann bei der im selben Ort befindlichen COSC einliefert – zu Prüfungszwecken ohne Automatikaufzug. Selbstverständlich sind alle Transportbehältnisse bei Rolex mit Barcodes beschriftet. So kann nicht nur jedes Werk und jede Uhr im Laufe des Produktionsfortschritts verfolgt werden. Diese Barcodes sind auch die Grundlage für die gesamte Logistik des Hauses.

Im Keller durchlaufen die fertig montierten Uhren (ohne Bänder) eine achtstufige Qualitätsprüfung. Im Jahr 2015 führte Rolex ein hauseigenes Prüfverfahren ein, das strengere Normen voraussetzt als in der Branche üblich. Hierbei geht es um die Leistungsmerkmale Ganggenauigkeit, Gangreserve, Leistung des Automatikaufzugs sowie Wasserdichtheit. Bei der Gangpräzision wird doppelt gemoppelt. Die fertigen Uhrwerke werden – wie schon erwähnt – bei der COSC geprüft und erhalten von dieser unabhängigen Prüfstelle auch ein Zertifikat. Weil sich aber während der Montage etwas verändern kann, prüft Rolex auch noch einmal die fertig montierten Uhren, und zwar strenger als die COSC. Während jene Abweichungen von - 4 bis + 6 Sekunden am Tag akzeptiert, müssen Rolex-Uhren eine Toleranz von - 2 bis + 2 Sekunden am Tag einhalten. Geprüft wird dies zum einen in einem ungefähr 14 Stunden dauernden Zyklus in sieben statischen Positionen, zum anderen in einem dynamischen Verfahren mit einem entsprechend programmierten Roboter.

Auch bei der Wasserdichtheit ist man streng. Getestet wird tatsächlich jede einzelne Uhr, zunächst mit Luftdruck, später im Wasser. Uhren, die nominell bis 100 Meter (10 bar) wasserdicht sein sollen, erhalten bei der Prüfung einen Sicherheitsaufschlag von zehn Prozent. Alle Taucheruhren werden mit einem Aufschlag von 25 Prozent getestet. Das gilt folglich für die Submariner (300 m/37,5 bar), die Sea-Dweller (1220 m/155 bar) und die Deepsea (3900 m/495 bar).

Rolex in Kürze

1905 gründet Hans Wilsdorf aus Kulmbach (Bayern) in London ein auf Uhrenvertrieb spezialisiertes Unternehmen.

1908 erfindet Wilsdorf den Namen «Rolex» als Signatur für seine Kreationen.

1920 gründet Wilsdorf in Genf die Montres Rolex SA, die Uhrwerke liefert exklusiv der Bieler Fabrikant Jean Aegler.

1945 bringt der kinderlose Wilsdorf das Unternehmen in eine Stiftung ein.

1960 stirbt Hans Wilsdorf, sein langjähriger Weggefährte André Heiniger führt das Unternehmen.

1992 setzt André Heiniger seinen Sohn Patrick als CEO ein.

2002 wird die Produktionsstätte in Chêne-Bourg eröffnet (Edelsteinbesatz, Zifferblatt- und Keramikfertigung).

2004 kauft Rolex Genf von der Familie Borer (Nachkommen von Jean Aegler) das Unternehmen Rolex Biel.

2005 wird die Fertigungsstätte im Genfer Industriegebiet Plan-les-Ouates eröffnet.

2006 stellt Rolex 613.000 geprüfte Chronometer her.

2008 wird Bruno Meier CEO.

2011 löst Riccardo Marini als neuer CEO Bruno Meier ab, der das Unternehmen verlässt.

2014 wird Jean-Frédéric Dufour, vormals CEO bei Zenith, neuer CEO von Rolex.

2015 stellt Rolex laut Zahlen der COSC rund 795.000 geprüfte Chronometer her.

2019 beschäftigt Rolex in der Schweiz über 7000 Mitarbeiter.

Rolex Manufacture Biel:

DIE KALIBERSCHMIEDE

Vor genau 15 Jahren fiel in Genf eine wichtige Entscheidung. Rolex kaufte die bis dahin rechtlich und wirtschaftlich selbstständige Uhrwerkefabrik Manufacture des Montres Rolex SA, Biel und integrierte sie in die Rolex SA, Genf. Damit schlug man zwei Fliegen mit einer Klappe: die Kontrolle über einen existenziell wichtigen Lieferanten und die Sicherung des wohl wichtigsten Exportmarkts des Hauses. Bei Rolex Biel werden nicht nur alle Uhrwerke des Hauses hergestellt, sondern Rolex Biel verfügte seinerzeit auch über die Markenrechte für die USA. Das offizielle Statement aus Genf lautete zu damaliger Zeit: «Das kommt einem epochalen Schritt gleich, der die Marke nachhaltig stärken wird.» Dem ist wohl nicht zu widersprechen.

Seither hat sich in Biel einiges getan. Die Produktionsfläche ist durch den 2012 entstandenen Neubau am Nordrand der Stadt auf aktuell 135.000 Quadratmeter gewachsen, hier arbeiten über 2000 Menschen. Die Produktion ist streng nach Fertigungsprozessen organisiert.

Den größten Maschineneinsatz hat traditionell die Gestellteilefertigung, bei Rolex «Ebauches» genannt. Dabei handelt es sich um die aus Messing gefertigten Platinen, Brücken und Kloben, außerdem kommen noch Kalenderscheiben hinzu. Sämtliche Bohrungen für die Achsen der Triebe werden in einem einzigen Arbeitsgang gestanzt – ein bewährtes Verfahren, um gleichbleibende Achsenabstände sicherzustellen, eine wichtige Voraussetzung für leichten Lauf des Räderwerks und damit höchste Gangpräzision.

Vollautomatische Bearbeitungszentren fräsen und schleifen anschließend die noch rechteckigen Messingplättchen in zahlreichen Bearbeitungsschritten in die richtige Form. Die Maschinen stammen größtenteils von Précitrame, einem Spezialunternehmen, an dem Rolex finanziell beteiligt ist. Sämtliche Ebauche-Teile werden visuell kontrolliert und stichprobenhaft nachgemessen, um bspw. abgenutzte Werkzeuge rechtzeitig zu entdecken und auszutauschen.

Rolex hat sich als einer von wenigen Uhrenherstellern das Know-how der Spiralfertigung erarbeitet – jener Komponente, die maßgeblich zur Ganggenauigkeit einer Uhr beiträgt. Eine eigene Spiralproduktion bedeutet für einen Uhrenhersteller einen

Im Jahr 2012 zog die Rolex-Uhrwerkeproduktion in ein brandneues Gebäude-Ensemble am Nordrand von Biel.

Trotz der Automatisierung in der Komponentenfertigung bleibt für gut geschultes Personal viel zu tun: Sämtliche Uhrwerke werden von Hand montiert, einreguliert und geprüft.

Im Vakuumofen wird aus Stangenmaterial verschiedener Werkstoffe die Legierung Parachrom erschmolzen.

Spiralen und Unruhreifen werden nach ihrem Dreh- bzw. Trägheitsmoment klassifiziert und einander zusortiert.

Die Automatikgruppe mit Rotor, Wechsler und Übertragungsgetriebe.

Unruh-Stoßsicherung Paraflex.

Komplette Unruh mit blauer Parachrom-Spirale.

nicht zu unterschätzenden strategischen Vorteil. Entwickelt wurde die sogenannte «Parachrom»-Spirale in der Forschungsabteilung in Les Acacias – und dort zunächst auch gefertigt. Inzwischen ist die Spiralproduktion sinnigerweise an den Standort der Uhrwerkeherstellung verlagert worden.

Rolex hat sich das Material für seine Spirale selbst gemixt, es enthält Niob und Zirkonium und erscheint zunächst als ein etwa 30 Zentimeter langer, unscheinbarer Metallstab. Nicht nur die Legierung des Grundmaterials ist patentiert, sondern auch die spezielle Fertigungsmethode, für die sich Rolex eine Maschine hat entwickeln lassen, die weltweit einzigartig ist. Grob beschrieben handelt es sich hier um eine Vakuumkammer, in der mithilfe hoher Spannung (5000 Volt) mehrere Stäbe aus verschiedenen Materialien erhitzt, miteinander verdrillt, verschmolzen und wieder abgekühlt werden. Diese Behandlung hat zur Folge, dass die Legierung vollkommen paramagnetisch wird, der Einfluss von Magnetfeldern folglich ohne Auswirkungen auf die Ganggenauigkeit der Uhr bleibt. Hier bildet sich auch die bereits erwähnte schützende Oxidschicht. Durch insgesamt 25 Walz- und Ziehvorgänge werden aus dem 30 Zentimeter langen Stab rund drei Kilometer Spiralfeder, genau 50 Mikron (0,05 Millimeter) stark. Das ist deutlich dünner als ein menschliches Haar, aber im Gegensatz zu diesem von vorn bis hinten gleich dick – zur perfekten Regulierung der für Rolex-Uhren bekannten Ganggenauigkeit.

Rolex in Plan-les-Ouates:

GEHÄUSE- UND GLIEDERBANDFERTIGUNG

Drei riesengroße schwarze Monolithen bilden das Produktionszentrum für Gehäuse und Gliederbänder.

In Plan-les-Ouates dreht sich alles um Metallbearbeitung. Lünetten sind typische Drehteile, das Rohmaterial kommt in Rohrform.

Tausende von Gehäusen, Bandgliedern und Schließen sind tagsüber im Produktionsumlauf und werden nachts im vollautomatisierten Hochregallager sicher verwahrt.

In der Nachbarschaft von Patek Philippe, Vacheron Constantin und Piaget produziert Rolex in drei Gebäuden auf elf Etagen – fünf davon unter der Erde – Gehäuse und Metallarmbänder. Dazu gehört nicht nur die Montage, sondern auch die Entwicklung, Konstruktion und Qualitätskontrolle. Auch das Gold, das für Gehäuse und Bänder benötigt wird, schmelzen Rolex-Mitarbeiter – mit Helmen und silbernen Feuerschutzjacken gekleidet – im hauseigenen Ofen. Zum Beispiel das sogenannte «Everose», eine patentierte Roségold-Legierung mit Platin-Anteil. Bei dieser Mischung soll der rötliche Farbton, der durch das enthaltene Kupfer entsteht, dauerhaft bestehen bleiben, während handelsübliche Legierungen (mit Silber-Beimengung) im Laufe vieler Jahre regelrecht vergilben.

Den Stahl kaufen die Genfer allerdings ein, zum Beispiel beim österreichischen Hersteller Böhler. Natürlich in höchster Qualität, die mit der Nummer 904L bezeichnet wird und auch zur Herstellung chirurgischer Instrumente eingesetzt wird. Letzteres behaupten viele Uhrenhersteller, doch bei Rolex legt man Wert auf die Tatsache, dass man lange nach dem richtigen Hersteller gesucht habe, der die gewünschte Qualität zu liefern imstande ist. Die Legierungsnummer selbst gebe noch keinen umfassenden Aufschluss über die Materialeigenschaften. Wohl nicht zuletzt deshalb unterhält Rolex im Produktionswerk Plan-les-Ouates eine 60-köpfige Forschungs- und Entwicklungsabteilung – und das nur für die Gehäuse- und Bänderfertigung, wohlgemerkt!

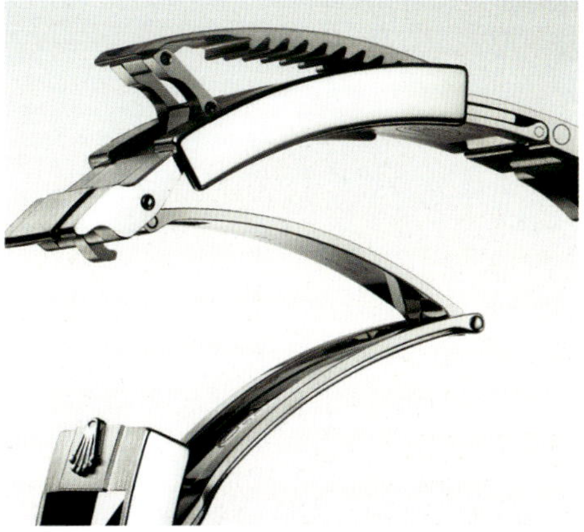

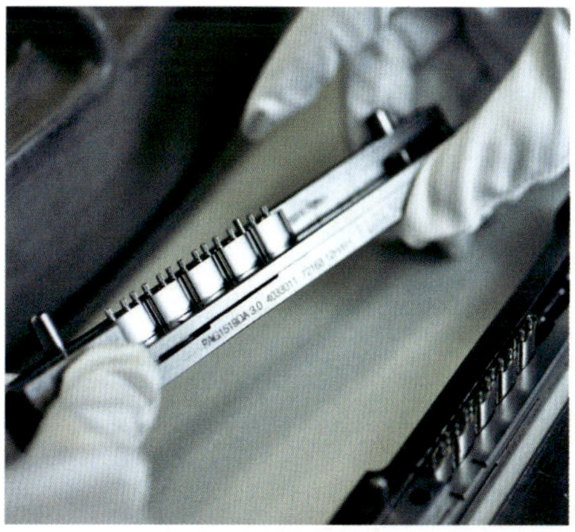

Die Politur der Oyster-Gehäuse erfordert geübte Finger und ein geschultes Auge.

Die Glidelock-Schließe ist ein komplexes Präzisionsbauteil.

Die Armbandglieder werden von Hand zusammensortiert und miteinander verpresst bzw. verschraubt.

Krone der Schöpfung: Präsident-Gliederband mit verdeckter Schließe.

Beeindruckend ist auch der Blick in das unterirdische Hochregallager, wie es nicht nur in Plan-les-Ouates, sondern auch in den drei anderen Produktionszentren in Les Acacias, Chêne-Bourg und Biel eingerichtet ist. Gesteuert von einem ausgeklügelten Warenwirtschaftssystem (SAP), werden hier jeden Abend nach Schichtende sämtliche Werkstücke weggeschlossen, auch Rohmaterialien, Halbzeuge und fertig produzierte Gehäuse und Bänder. Am nächsten Morgen, vor Arbeitsbeginn, sortieren vollautomatisch zusammenarbeitende Roboter die Werkstücke wieder an ihren Platz in den einzelnen Abteilungen. Der Lagerroboter, der mit verblüffender Geschwindigkeit durch die schmalen Gänge des Hochregallagers (in Plan-les-Ouates 60.000 Lagerplätze) saust und bis zu 2800 Bewegungen in der Stunde ausführt, übergibt die in genormten Trägerkisten verpackten Teile an eine «Rohrpost» durch das ganze Gebäude. Über den abgehängten Decken in den Fluren hört man die elektrisch angetriebenen Rollenförderspuren leise surren, und in manchen Abteilungen bahnen sich blinkende selbstfahrende Transportroboter – die von den Angestellten scherzhaft «R2-D2» genannt werden – ihren Weg an die Beschickungsseite der Maschinen.

Das Rolex-Schulungszentrum

In unmittelbarer Nähe zur Firmenzentrale befindet sich im Zentrum des Stadtteils Les Acacias das neu eingerichtete Schulungszentrum für die Aus- und Weiterbildung der Angestellten. Die Einrichtung ist auf zwei Stockwerke mit insgesamt 4300 Quadratmetern Fläche verteilt. Jahr für Jahr werden hier nahezu 3000 Führungskräfte in Lehrgängen zu Produktkenntnissen, Fachkompetenzen und Management geschult. Rolex war in Genf der erste Arbeitgeber im Sektor der Uhrenindustrie, der 1984 mit der Schaffung von Lehrstellen eine innerbetriebliche Ausbildung anbot. Heute werden im zweiten Stock des Schulungszentrums Uhrmacher, Polymechaniker sowie Facharbeiter unterrichtet, die nach dem Schweizer System die Hälfte ihrer Ausbildungszeit im Betrieb verbringen. Das Schulungszentrum betreut an die 100 Auszubildende in verschiedenen Lehrjahren. Während die Ausbildung zur Facharbeitskraft («watchmaking operator» im internationalen englischen Sprachgebrauch) zwei Jahre dauert, muss ein Produktionsuhrmacher drei Jahre und ein «Volluhrmacher» sogar vier Jahre die Schulbank drücken.

Rolex in Chêne-Bourg:

ZIFFERBLÄTTER, KERAMIK UND EDELSTEINFASSUNG

Mit dem Kauf und dem anschließenden Umbau einer Zifferblattfabrik im Stadtteil Chêne-Bourg begann 2002 das Integrationsprogramm.

Galvanisch bearbeitete Zifferblätter fertig zum Bestücken mit Stundenmarkern und Logo.

Dieses Zifferblatt trägt einen feinen radialen Sonnenschliff. Zeigerbohrungen und Datumsfenster sind in höchster Präzision ausgeführt.

Im Jahr 2002 übernahm Rolex den Gehäusefabrikanten Genex im südlichen Genfer Stadtteil Chêne-Bourg, unmittelbar an der Grenze zu Frankreich gelegen, und baute den ehemaligen Zulieferer in der Folge zu einem Hightech-Unternehmen aus, maßgeschneidert auf die speziellen Bedürfnisse des eigenen Portfolios.

Bei der Herstellung von Zifferblättern spielt Messing als Trägermaterial eine wichtige Rolle, Gold wird bei Rolex nur für Edelsteinbesatz verwendet. Die auf Maß gewalzten und flachgeschliffenen Messingscheiben werden unabhängig von ihrer späteren Verwendung in mehreren Bearbeitungsschritten vorbereitet. Dies geschieht zunächst auf Werkzeugmaschinen, die Datums- und Wochentagsfenster ausstanzen sowie die winzig kleinen Löcher für die Positionierung der applizierten Stundenmarker und des polierten Krönchens bohren und versäubern. Danach durchlaufen die Zifferblattrohlinge verschiedene galvanische Bäder, welche die weiche und grobporige Oberfläche des rohen Messings härten und stabilisieren. Zum Schluss werden die Zifferblattrohlinge entweder mit ange-

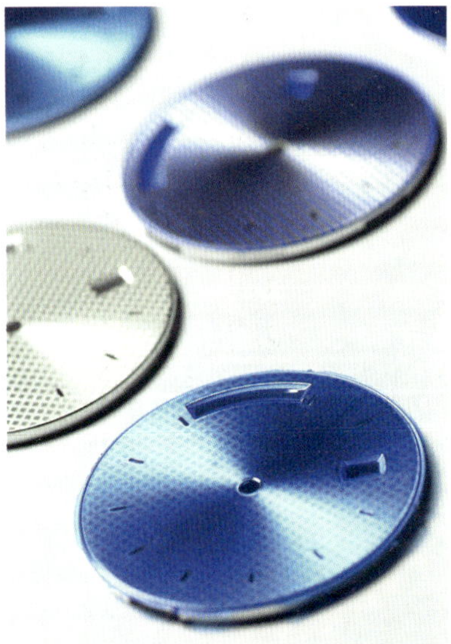

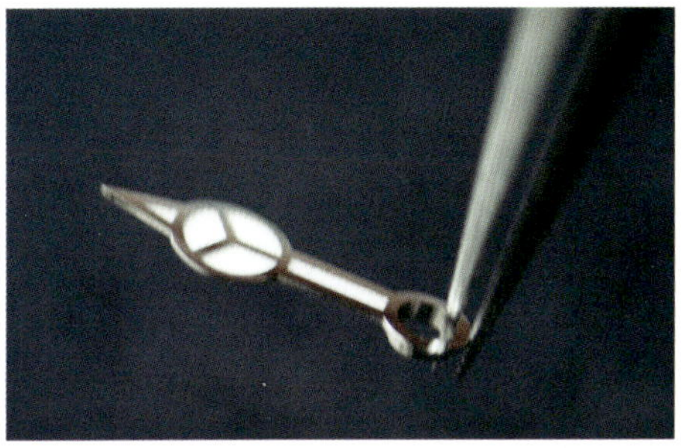

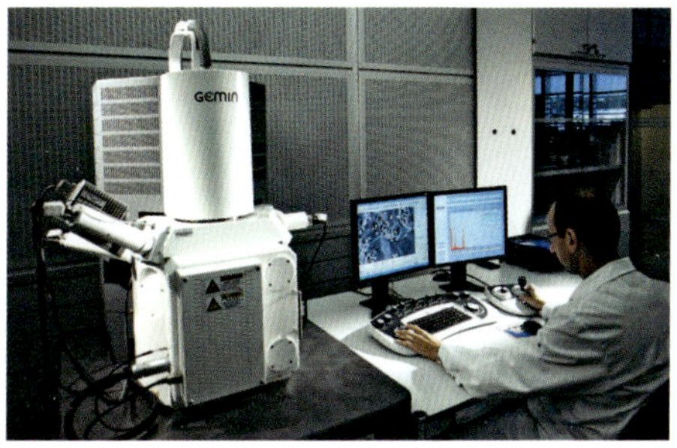

löteten Montagefüßchen an der Rückseite versehen, die später in entsprechende Bohrungen in der Uhrwerkplatine eingeführt werden, oder am Rand umgebördelt: Auf die neueste Werkegeneration werden die Zifferblätter nur noch aufgestülpt; eine an der Grundplatine umlaufende Nut sorgt für bombenfesten Sitz.

An diesem Punkt scheiden sich die Produktionswege der Zifferblätter je nach ihrer Verwendung: Manche werden lackiert, andere geschliffen und galvanisiert. Unter den Händen der Spezialistinnen – es sind in der Tat vornehmlich weibliche Mitarbeiter in der Abteilung Terminage – sind sie dann wieder alle gleich: Die Beschriftung wird in mehreren Schritten mit dem Drucktampon von der Schablone auf das Zifferblatt übertragen, die Appliken – die übrigens ausnahmslos im Hause selbst hergestellt werden – werden mit ihren haarfeinen Füßchen voran in die Bohrungen eingefädelt und von hinten vernietet. Das alles geschieht in reiner, konzentrierter Handarbeit, bestenfalls unterstützt von kleinen Stempelpressen oder in-house entwickelten Haltevorrichtungen.

Noch mehr Handarbeit findet sich im Atelier der Steinsetzer, wo wie eingangs erwähnt nur Goldzifferblätter für Damen-Schmuckmodelle mit Brillanten und Diamanten besetzt werden.

Noch recht neu in der Produktionsstätte Chêne-Bourg ist die vor Kurzem von Plan-les-Ouates hierher umgezogene Fertigung der Keramiklünetten aus dem patentierten Werkstoff Cerachrom. In einer eigenen Abteilung wird der pulverförmige Ausgangsstoff, bestehend aus 50 Prozent Zirkonerde und Farbpigmenten und 50 Prozent flüssigem Bindemittel, verdichtet und unter hohem Druck in Formen gespritzt. Zwei Tage lang werden die noch brüchigen Rohlinge «entbindert», d. h. bei Temperaturen um die 700 °C ausgedunstet, und anschließend unter hohem Druck und hoher Temperatur gesintert. Dabei schrumpfen die Lünettenringe um 25 Prozent, denn die neu arrangierten Zirkonatome und Pigmente sind nun näher aneinandergerückt und fester als zuvor miteinander verbunden. Nach dem Sintern lässt sich das Cerachrom-Material nicht mehr von normalen Werkzeugen beeindrucken. Oberflächen polieren und Kanten entgraten werden zum aufwendigen Kraftakt. ♛

MARTIN HÄUSSERMANN, PETER BRAUN

Die mit Appliken komplettierten Zifferblätter werden auf die Uhrwerke montiert und an teilautomatisierten Arbeitsplätzen mit exakt positionierten Zeigern bestückt.

Das Prüflabor in Chêne-Bourg ist mit einem Raster-Elektronenmikroskop ausgestattet.

Komplett mit Diamantpavé besetzte Zifferblätter sind eine Spezialität des Hauses.

Ein Auge für Perfektion

Um die Qualität der Armbanduhren von Rolex zu gewährleisten, ist die Ausbildung von Uhrmacherinnen und Uhrmachern äußerst wichtig. Ein neues und besonders modernes Ausbildungs- und Schulungszentrum am Kölner Hauptsitz des Unternehmens trägt dazu bei.

Foto: ©ROLEX

Alexander Vogel (rechts) und sein Stellvertreter Nicklas Blum leiten das Ausbildungs- und Schulungszentrum.

Das Uhrmacherhandwerk, wie auch viele andere traditionsreiche Gewerke, hat ein großes Nachwuchsproblem. Insbesondere nach den Verwerfungen in der «Quarzkrise» der 1970er Jahre wurde das Uhrmacherhandwerk als «brotlose Kunst» bezeichnet, erläutert Uhrmachermeister und Rolex-Ausbildungsleiter Alexander Vogel: «Damals wurden in der Branche kaum Mechanikwerke verbaut, und Quarzwerke wurden bei Schäden einfach ausgetauscht.» Inzwischen hat die mechanische Armbanduhr jedoch eine unglaubliche Renaissance erlebt und wird als Luxusprodukt geschätzt – mit Rolex an der Spitze des Marktes.

AUSBILDUNG ZUM UHRMACHER

Die Marke engagiert sich deshalb bereits seit 2014 in der Ausbildung von bis zu sechs Uhrmacherinnen und Uhrmachern pro Jahr. Dafür wählt Rolex die vielversprechendsten Kandidaten aus rund 250 Bewerbungen im Jahr aus. Die wichtigsten Voraussetzungen, um einen Ausbildungsvertrag zu ergattern, sind neben einem Hochschulabschluss das Interesse für die Uhr und das Handwerk, ein Gespür für Mathematik und Physik, etwas Talent – und ein erfolgreiches Abschneiden im Einstellungstest.

Den Auszubildenden bietet Rolex ein topmodernes Arbeitsumfeld mit der besten Ausstattung, ein tarifliches Gehalt und für das erste Lehrjahr sogar ein Zimmer in einer eigens eingerichteten Wohngemeinschaft. Letzteres soll es Azubis aus anderen Städten ermöglichen, nach Köln zu ziehen, ohne sich mit monatelanger Wohnungssuche quälen zu müssen.

Nach der dreijährigen Ausbildung bei Rolex haben die jungen Gesellen und Gesellinnen «ein Auge für Perfektion» entwickelt, erklärt uns Luca Maron, Trainer im neuen Ausbildungs- und Schulungszentrum von Rolex. Auch er hat seine Aus-

Foto: ©ROLEX

Nach seiner Ausbildung ist Luca Maron inzwischen selbst als Ausbilder bei Rolex tätig.

Blick in die moderne Ausbildungswerkstatt.

bildung bei Rolex absolviert und es im Abschlussjahrgang 2022 sogar zum Bundessieger im Leistungswettbewerb des deutschen Handwerks gebracht. Den Uhrmacherinnen und Uhrmachern stehen nach der exzellenten Ausbildung in der Uhrenbranche zwar alle Türen offen, doch rund 70 Prozent bleiben innerhalb des Rolex-Netzwerks, sei es am Sitz in Köln oder bei einem offiziellen Fachhändler anderswo.

UHRMACHER IM ROLEX-KUNDENDIENST (ASSW)

Parallel zur IHK-geprüften Uhrmacherausbildung bietet Rolex in Deutschland seit Oktober 2023 auch eine Ausbildung zum «After Sales Service Watchmaker» (ASSW) an. Diese anderthalbjährige Ausbildung richtet sich an Mitarbeiter von Fachhändlern in Deutschland und wurde von der Schweizer Mutterfirma Rolex SA übernommen, wo sie bereits seit 2015 angeboten wird.

Insgesamt zwölf Ausbildungsplätze pro Jahr sollen es Fachhändlern aus ganz Deutschland ermöglichen, ihre Mitarbeiterinnen und Mitarbeiter bei Rolex in Köln für die Wartung von Armbanduhren ausbilden zu lassen. Für anderthalb Jahre kommen die Mitarbeiter zu diesem Zweck nach Köln, wo sie speziell an Rolex-Kalibern geschult werden. Für Kosten und die Wohnung kommt dabei der Fachhändler auf, zu dem der oder die Auszubildende nach dem Abschluss wieder zurückkehrt.

Im Gegensatz zur dreijährigen Uhrmacherlehre handelt es sich bei der ASSW-Ausbildung um ein eigenes Projekt mit Abschlussprüfung am Genfer Stammsitz der Rolex SA. Eine vorherige Uhrmacherausbildung ist dafür nicht nötig, wohl aber eine Aufnahmeprüfung in Mikromechanik, Logik und Ausdrucksfähigkeit.

FORTBILDUNG IM ROLEX-NETZWERK

Schon seit über 30 Jahren werden Uhrmacherinnen und Uhrmacher am Standort Köln speziell auf den Umgang mit Rolex-Armbanduhren geschult. Dabei werden neben Grundkursen auch weiterführende Aufbaukurse und Auffrischungskurse angeboten. Auch diese werden natürlich in den neuen Räumlichkeiten am Hauptsitz in Köln durchgeführt. ♛

TOBIAS SCHAEFER

Foto: ©ROLEX

Das Ideal der Perfektion

Rolex hat bei der Entwicklung der Armbanduhr Pionierarbeit geleistet. Die Uhrenmarke hat sich aber nicht auf ihren Lorbeeren ausgeruht, sondern sämtliche Komponenten weiterentwickelt, neue Materialien eingeführt und ständig Verfahren optimiert.

Manche Uhrenkenner vertreten die Meinung, dass sich auf dem Gebiet der Armbanduhr keine technischen oder funktionalen Fortschritte mehr machen lassen. Nach der Erfindung des wasserdichten Gehäuses mit verschraubtem Glas, Boden und Krone und der Einführung des Selbstaufzugs mit Rotorschwungmasse war die Armbanduhr im Grunde fertig entwickelt. Die Rolex Oyster Perpetual vereinte all diese Errungenschaften in sich und war damit 1931 der Konkurrenz meilenweit voraus. International deponierte Patente sicherten diesen Vorsprung bis in die 1950er Jahre, erst danach wurden Rotoraufzug, verschraubte Kronen und Schraubböden zum Standard der gesamten Uhrenbranche.

Böse Zungen behaupten bisweilen, dass Rolex nach der Vorstellung der Datejust 1945 jedwede Weiterentwicklung der Uhren eingestellt habe und bis heute dieselben zwei Uhrenmodelle produziere – robust in Edelstahl mit Drehring oder elegant in Gold mit Diamantschnitt-Lünette. Das stimmt so natürlich nicht ganz, aber dass sich Rolex in der Tat hartnäckig dem Trend zu Komplikationsuhren verschließt, hat einen einleuchtenden Grund: Das stattliche Heer der Rolex-Ingenieure hat seine Innovationskraft in den vergangenen Jahrzehnten in den Dienst der Perfektion gestellt und dabei wiederholt neue Standards formuliert und umgesetzt.

Nur echt mit dem Siegel: Das grüne Anhängsel mit der Aufschrift «Superlative Certified» gehört zu jeder Rolex-Uhr einfach dazu.

1 Superlative Chronometer Officially Certified
PRÄZISION ÜBER ALLES

Das Streben nach Ganggenauigkeit trieb Rolex-Gründer Hans Wilsdorf buchstäblich von Anfang an zu höchsten Anforderungen an die Fertigungsqualität der in seinen Uhren verwendeten Uhrwerke. Diese bezog Rolex von der Bieler Firma Aegler, die sich als eine der ersten Schweizer Uhrwerkefabriken auf die – nach den damals geltenden Taschenuhr-Maßstäben – geradezu winzigen Armbanduhrwerke spezialisierte. Wilsdorf wollte der Welt beweisen, dass die moderne Armbanduhr der Taschenuhr nicht nur aus praktischen Gründen überlegen war, sondern auch in puncto Ganggenauigkeit mit den robusten «Großuhren» mithalten konnte. 1910 erhielt eine Rolex als erste Armbanduhr ein offizielles Schweizer Chronometerzertifikat. 1914 stellte die Prüfkommission von der Sternwarte Kew in Teddington einer mit einem 11-linigen Aegler-Kaliber ausgestatteten Rolex sogar ein Gangzertifikat «Klasse A» aus und bescheinigte dem Handaufzugswerk absolute Chronometerpräzision.

Seit dem Ende der 1950er Jahre werden die meisten Modelle der Oyster-Kollektion als «Chronometer der Superlative» bezeichnet, weil die Uhrwerke der Kaliberfamilie 1500 die Anforderungen der offiziellen Schweizer Prüfinstitute übererfüllten. Doch erst seit 2015 belegt ein von Rolex ausgearbeitetes und in-house absolviertes Prüfverfahren die hervorragenden Gangwerte. Die Toleranzen sind gegenüber den Anforderungen der COSC (offizielle Schweizer Chronometerprüfstelle) noch einmal deutlich enger gesteckt: Der mittlere tägliche Gang muss zwischen + 2 und - 2 Sekunden liegen (COSC: - 4/+ 6 s).

Bereits 1927 hatte Hans Wilsdorf gesagt: «Wir arbeiten nach Kriterien, die nur mit Instrumenten gemessen werden können, die wir selbst herstellen.» Gemessen wird daher in einer eigenen Abteilung im Keller des Rolex-Produktionszentrums im Genfer Stadtteil Plan-les-Ouates nach der zuvor bestandenen offiziellen COSC-Prüfung, und zwar im eingeschalten Zustand (ohne Armband). Im voll automatisierten «Superlative»-Testverfahren werden zusätzlich noch die Aufzugsleistung der Automatik, die Gangreserve sowie die Wasserdichtheit (mit einer Sicherheitsmarge von + 25 %) überprüft.

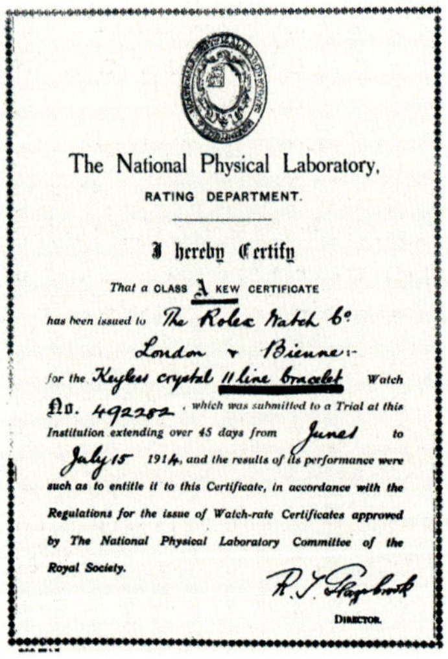
The National Physical Laboratory,
RATING DEPARTMENT.

I hereby Certify

That a CLASS A KEW CERTIFICATE has been issued to The Rolex Watch Co London & Bienne:- for the Keyless crystal 11 line bracelet Watch No. 492282, which was submitted to a Trial at this Institution extending over 45 days from June 1 to July 15 1914, and the results of its performance were such as to entitle it to this Certificate, in accordance with the Regulations for the issue of Watch-rate Certificates approved by The National Physical Laboratory Committee of the Royal Society.

R. T. Glazebrook
DIRECTOR.

Schon seit den späten 1950er Jahren gehen die meisten Rolex-Uhren genauer, als es die COSC vorschreibt.

2 Die verschraubte Aufzugskrone
WIRKSAMER SCHUTZ

Der stets praktisch denkende Hans Wilsdorf sah in der exponierten Trageposition der Armbanduhr ein potenzielles Problem mit eindringendem Staub und Feuchtigkeit, die dem delikaten Uhrwerkmechanismus arg zusetzen konnten. Er war nicht der Erste, der den Kronentubus als «Einfallstor» ins Gehäuseinnere erkannte, aber mit der Verschraubung der Krone auf einem Gewindestutzen mit eingelegter Dichtung war sein Lösungsansatz für dieses Problem der sinnvollste und praktischste.

Am Prinzip der Krone als «Hutmutter» auf dem Gehäuse hat sich bis heute nicht viel geändert. Nach dem Auslaufen des Patents verbesserte Rolex das System und sicherte sich mit der «Twinlock»-Krone wieder einen Vorsprung gegenüber der rasch nachgezogenen Konkurrenz. Dieses System wird in allen Armbanduhren der Oyster-Kollektion eingesetzt, deren Wasserdichtheit bis zu einer Tiefe von 100 Metern garantiert ist. Das Twinlock-System ist – je nach Material der Krone – an einem Punkt, zwei Punkten oder einem Strich unter der Rolex-Krone zu erkennen. Die 1970 eingeführte «Triplock»-Krone verfügt über zwei Dichtungsbereiche im Inneren des Kronentubus und einen dritten Dichtungsbereich in der Aufzugskrone selbst. Dieses System wurde entwickelt, um die Wasserdichtheit bei den Taucheruhren Submariner, Sea-Dweller und Deepsea auf 300, 1220 bzw. 3900 Meter zu erhöhen. Heute sind auch verschiedene andere Professional-Modelle damit ausgerüstet. Die Triplock-Krone ist mit drei Punkten gekennzeichnet.

Zwei Punkte unter der Krone stehen für das Twinlock-System.

3 Das Oyster-Gehäuse
VERSCHLOSSEN WIE EINE AUSTER

Wasserdichtheit gilt als probater Nachweis für ein hermetisch dichtes Uhrengehäuse. Dabei ging es Hans Wilsdorf seinerzeit in erster Linie um Staubdichtheit und um Robustheit. 1926 ließ er sein «Oyster»-Gehäuse patentieren, zusammengesetzt aus den miteinander verschraubten Elementen Gehäuse-Mittelteil, Boden und Lünette mit Glas sowie Aufzugskrone und dadurch in höchstem Maße stabil.

Verglichen mit anderen staub- und wasserdichten Uhrengehäusen der 1920er Jahre, war die «Auster» von Rolex flach und kompakt und auch an schlanken Unterarmen tragbar, was Hans Wilsdorf zu einer kühnen Marketingidee inspirierte. Er stattete Mercedes Gleitze – eine Extremschwimmerin, wie man heute sagen würde – für ihren Versuch der Ärmelkanal-Durchquerung mit einer Oyster aus, und als der sportlichen Stenotypistin die Durchquerung im zweiten Anlauf tatsächlich gelang, prangte die Nachricht anderntags in großen Lettern auf dem Titelblatt der *Daily Mail:* Rolex trotzt den Elementen. Londoner Konzessionäre präsentierten ihre Oyster in einem wassergefüllten Goldfischglas ...

Das Oyster-Gehäuse mit seiner verschraubten Lünette, Krone und Boden garantiert seit 1926 Wasserdichtheit. Die Expedition in den Marianengraben erforderte ein dickeres Glas.

4 Der Perpetual-Rotor
IMMER IN BEWEGUNG

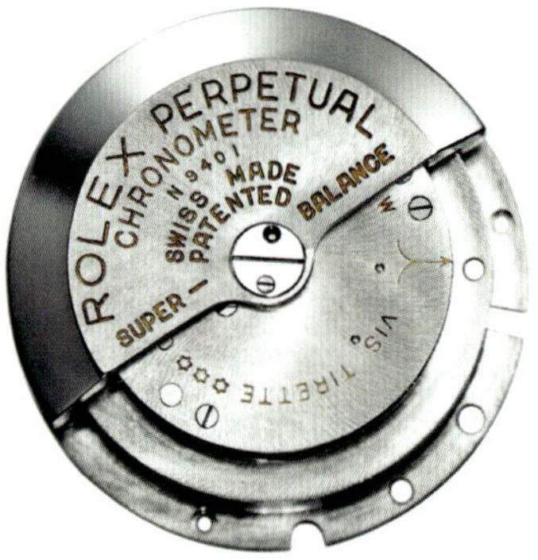

Der erste Zentralrotor von 1931 zog nur einseitig auf. Später symbolisierten rot eloxierte Aluminiumräder den beidseitigen Aufzug.

Dreiundzwanzig Stunden und neunundfünfzig Minuten am Tag waren die genau gehenden Uhrwerke im ringsum verschraubten Oyster-Gehäuse trocken und sicher untergebracht. Aber in schöner Regelmäßigkeit musste der Träger die hermetische Idylle stören und die Krone aufschrauben, um das Uhrwerk mit neuer Energie zu versorgen. Einen Perfektionisten wie Hans Wilsdorf muss diese Verletzung der Schutzatmosphäre sehr geschmerzt haben, aber die bis dato präsentierten Methoden des automatischen Aufzugs – durch Pendelgewichte oder bewegliche Bandanstöße – konnten ihn nicht zufriedenstellen.

Erst als die Uhrwerkefabrik Aegler im Jahr 1931 einen mittig gelagerten, umlaufenden Schwungrotor entwickelte, der in eine Richtung frei drehte und in die andere Richtung mit starker Untersetzung in kleinen Schritten die Zugfeder nachspannte, hatte Wilsdorf seinen «ewigen» Selbstaufzug. Aufgrund seiner kompakten Bauweise passte der Perpetual-Rotor unter den bauchigen Schraubboden des Oyster-Gehäuses, und fortan musste sich der Besitzer einer Rolex nicht mehr um das Aufziehen kümmern – er musste seine Uhr nur tragen.

1933 erhielt Rolex ein Patent auf den Rotoraufzug, und die Konkurrenz musste sich fünfzehn Jahre lang mit «Hammerautomaten» und Pendelschwungmassen behelfen, die dem Perpetual-Rotor von Rolex in Wirkungsweise und Wirkungsgrad klar unterlegen waren. Erst nach dem Auslaufen des Rolex-Patents 1948 konnte der Siegeszug des automatischen Aufzugs auf breiter Front beginnen.

1959 entwickelte Rolex einen robusten, zuverlässigen und kompakten Klinkenradwechsler, der Rotordrehungen in beide Richtungen zum Aufzug des Federhauses nutzt. Die beiden rot eloxierten Umkehrräder aus Duraluminium sind bis heute ein Erkennungszeichen dieser Konstruktion.

5 Anzeigen und Funktionen
DATE – JUST IN TIME

Die Uhrenwelt hat Rolex viel zu verdanken, denn viele Funktionen und Anzeigen, die wir heute bei einer Armbanduhr als selbstverständlich ansehen, wurden tatsächlich von Rolex erstmals eingeführt.

Zum Beispiel das Datumsfenster bei der «3»: zum ersten Mal gesehen 1945 bei einem Goldmodell der Oyster Perpetual mit dem beziehungsreichen Namen Datejust, weil die springende Umschaltung exakt um Mitternacht erfolgte. Ausgehend von diesem Modell, entwickelte sich die Oyster-Kollektion in zwei Richtungen. Zum einen entstanden immer mehr elegante Kalenderuhren wie zum Beispiel die Day-Date von 1956, die erstmals Datum und Wochentag anzeigte, und auch die 2012 vorgestellte Sky-Dweller mit Jahreskalender und zweiter Zeitzone fällt in diese Kategorie. Zum anderen entwickelte Rolex die sogenannten «Tool Watches», von Rolex «Professional» genannt, bei denen es auf gute Ablesbarkeit, bedingungslose Robustheit und nützliche Funktionen ankommt. Hier ist die 1953 präsentierte Submariner zu nennen, die als eine der ersten Taucheruhren mit einer drehbaren Lünette mit 60er-Teilung ausgestattet war.

Der zusätzliche 24-Stunden-Zeiger zur Anzeige einer zweiten Zonenzeit debütierte 1954 in der GMT-Master, und ihr Nachfolgemodell GMT-Master II hatte 1983 erstmals den schrittweise verstellbaren Haupt-Stundenzeiger zur raschen Anpassung der Anzeige an eine neue Lokalzeit, während der 24-Stunden-Zeiger (mit Pfeilspitze) die Heimatzeit konservierte.

Regatta-Countdown-Zeiger für 10 Minuten bei der Yacht-Master II.

Die Sky-Dweller verfügt über eine zweite Zonenzeitanzeige mit 24-Stunden-Scheibe sowie einen Jahreskalender mit Monatsanzeige per Farbfeld am Stundenmarker.

Datum und Wochentag an charakteristischer Position sind ein Erkennungszeichen der Day-Date.

Orangefarbener Pfeilzeiger für die zweite Zonenzeit der Explorer II.

Um die Datumsanzeige besser hervorzuheben, schleift Rolex eine Vergrößerungslupe in das Saphirglas.

6 Spiralen aus Metall und Silizium
SCHWINGUNGSVERHALTEN

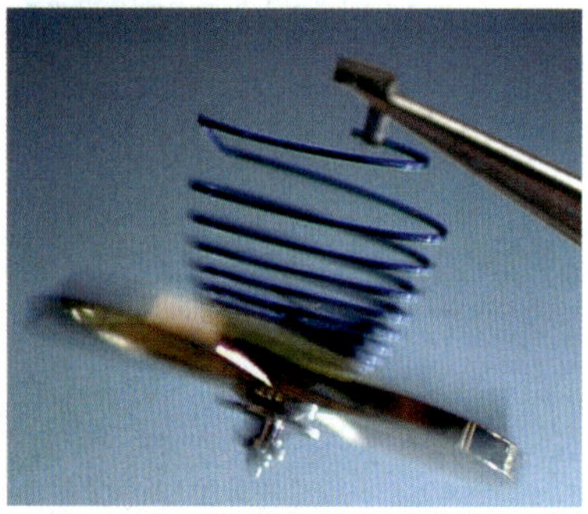

Rolex gehört zu den wenigen Uhrenherstellern, die ihre eigenen Unruhspiralen herstellen. Durch die effektive arbeitsteilige Struktur der Schweizer Uhrenindustrie bestand für eine Uhrenmarke lange Zeit kein Grund, sich mit der hoch spezialisierten Produktion von Hemmungsteilen zu befassen. Erst als der Quasi-Monopolist Nivarox (Swatch Group) laut über eine Reglementierung der Lieferungen nachdachte, investierten einige große Manufakturen schließlich in die Fertigung eigener Spiralen.

Die Parachrom-Spirale ist aus einer Metall-Legierung gefertigt, die darunter abgebildete Syloxi-Spirale besteht dagegen aus polykristallinem Silizium.

Rolex entwickelte im Jahr 2000 die Parachrom-Spirale, eine konservative Metallfeder aus einer Niob-Zirkon-Legierung mit guten antimagnetischen Eigenschaften und hoher Temperaturstabilität. Die charakteristische blaue Färbung erhält die Parachrom-Spirale durch eine 2005 eingeführte Oberflächenbehandlung zur Verbesserung der Langzeitstabilität.

Während die Parachrom-Spirale in den großen Herrenuhrwerken eingesetzt wird, ist die 2014 im Kaliber 2236 präsentierte Syloxi-Spirale eher für kleine Unruhen geeignet. Sie besteht aus einem kristallinen Verbundmaterial aus Silizium und Siliziumoxid (daher der Name Syloxi), dessen temperaturausgleichende und antimagnetische Eigenschaften ihr eine sehr hohe Beständigkeit gegenüber Störeinflüssen verleihen. Überdies hat Rolex durch eine selbst entwickelte patentierte Geometrie das Schwingungsverhalten optimiert: Aufgrund der variablen Steigung und Dicke der Windungen ist ein konstantes «Atmen» der Spiralfeder in jeder Lage gewährleistet.

7 Die Chronergy-Hemmung
DAS BESSERE IST DES GUTEN FEIND

Das 2015 vorgestellte Kaliber 3255 begründete eine neue Konstruktionsphilosophie. Die großen Herausforderungen an die Architekten der neuen Uhren-Zeit heißen hoher Wirkungsgrad, große Gangreserve, absolute Gangpräzision und maximale Unempfindlichkeit gegen Magnetismus. Die Rolex-Ingenieure taten das einzig Richtige und begannen ihre Arbeit mit einem weißen Blatt Papier.

Das Herzstück der Neukonstruktion ist die unter dem Namen Chronergy patentierte Hemmung, die zwar auf dem Prinzip der Schweizer Ankerhemmung basiert, dank neuer Geometrie und konsequenten Leichtbaus jedoch einen um 15 % höheren Wirkungsgrad aufweist. Der Zugewinn an Impulskraft fällt jedoch deutlich größer aus, weil die konventionelle Ankerhemmung nur etwa ein Drittel der vom Federhaus eingespeisten Energie an Unruh und Spirale weitergibt. Dadurch zeichnet die Hemmung für fast die Hälfte der Erhöhung der Gangreserve des Uhrwerks (auf 70 Stunden) verantwortlich. Die andere Hälfte steuert ein neues Federhaus mit einer längeren Feder bei.

Anker und Ankerrad, das heißt die filigranen Schlüsselbauteile der Chronergy-Hemmung, sind im LiGA-Verfahren (elektrogalvanische Abformung) aus einer Nickel-Phosphor-Legierung gefertigt und dadurch unempfindlich in Bezug auf Magnetfelder. Die Rubinpaletten des Ankers messen 0,125 Millimeter und sind nur noch halb so breit bzw. schwer wie die der Vorgängergeneration, während die Kontaktfläche der Ankerradzähne verdoppelt wurde.

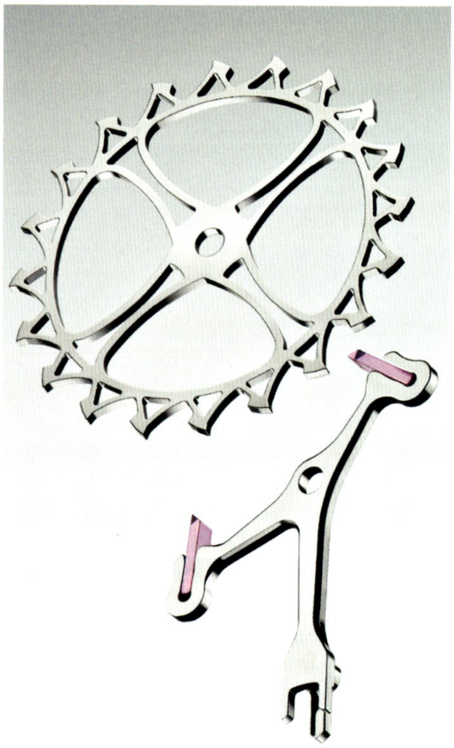

Verbesserter Wirkungsgrad und geringeres Gewicht kennzeichnen die Chronergy-Hemmung, die jedoch den Prinzipien der Schweizer Ankerhemmung treu bleibt.

8 Die Chromalight-Leuchtmasse

LICHT AM ENDE DER NACHT

Seit einigen Jahren erscheinen bei allen sportlichen und vielen klassischen Oyster-Modellen Zeiger, Stundenmarker und andere Anzeigeelemente in leuchtendem Blau, sobald die Uhr ins Dunkel eintaucht. Die exklusiv von Rolex zum Belegen oder Füllen dieser verschiedenen Komponenten eingesetzte Leuchtmasse Chromalight ist besonders leistungsfähig und übertrifft die in der Uhrenindustrie geltenden Standards in puncto Dauer und Intensität deutlich. Die Leuchtdauer der Chromalight-Anzeige ist praktisch doppelt so lang wie bei einer Standard-Leuchtmasse. Außerdem verteilt sich die Leuchtkraft gleichmäßiger über die gesamte Leuchtdauer, die mehr als acht Stunden betragen kann.

Das verwendete Ausgangsmaterial ist ein ultrafeines Oxidpulver – mit Aluminium-, Strontium-, Dysprosium- und Europium-Verbindungen –, das bei einem Brennvorgang bei hohen Temperaturen Kristalle bildet, deren spezifische Atomstruktur die Emission des typischen blauen Lichts erzeugt. Das Material besitzt danach phosphoreszierende Eigenschaften, d. h. die Fähigkeit, Lichtenergie zu speichern und diese im Dunkeln nach und nach wieder abzugeben. Das Phänomen der Lichtemission basiert auf der Bewegung elektrischer Ladungen innerhalb der Materie. Das phosphoreszierende Pulver wird mit Flüssigharz gemischt und von Hand auf Zifferblätter, Stundenmarker und Zeiger aufgetragen.

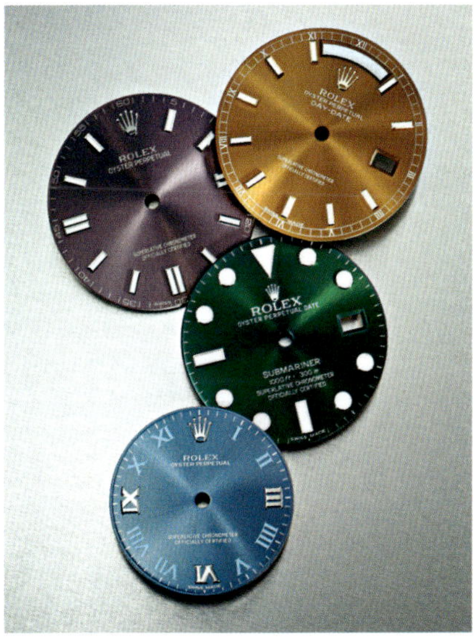

Bläulich schimmern die Chromalight-Elemente auf dem Zifferblatt der Deepsea Challenge (oben). Auch Zeiger werden mit der pastösen Leuchtfarbe belegt.

9

Die Cerachrom-Lünette

HART, HÄRTER, KERAMIK

Die Lünette zählt bei der Armbanduhr nicht nur zu den prominentesten Gestaltungselementen, sondern auch zu den Komponenten, die Beanspruchungen wie Stößen, Kratzern, Korrosion und sonstigen Umwelteinflüssen am meisten ausgesetzt sind. Bereits 2005 wurde bei der GMT-Master II eine Zahlenscheibe aus Cerachrom eingeführt. Der neue Cosmograph Daytona hatte 2013 dann schon eine Monoblock-Lünette komplett aus Cerachrom.

Der Grundstoff ist ein sehr feines Zirkon- oder Aluminiumoxid-Pulver, dessen Partikel einen Durchmesser von weniger als einem Tausendstelmillimeter haben. Dem Pulver werden Bindemittel sowie Pigmente beigegeben, die den gewünschten Farbton bestimmen. Das flüssig angerührte Material wird unter Hochdruck in eine Form gespritzt, wodurch ein Rohling der Komponente erzeugt wird. In diesem Arbeitsschritt erhält die Komponente ihre geometrische Form, und es entstehen – versenkt oder erhaben – Ziffern, Graduierungen und Beschriftungen. Nach dem Entformen und «Entbindern» (mehrere Tage bei geringer Hitze) wird der Rohling bei ca. 1600 °C gesintert und dadurch härter als Stahl. Während der Aushärtung schrumpft das Bauteil kalkulierbar und symmetrisch um etwa 25 bis 30 % und nimmt seinen endgültigen Farbton bzw. Farbtöne an. Im letzten Verarbeitungsschritt wird jedes Teil mit Diamantfräsen auf die exakten Maße gebracht.

Versenkte Ziffern, Graduierungen und Beschriftungen werden im PVD-Verfahren mit einer dünnen Schicht aus Gelb-, Roségold oder Platin überzogen. Beim abschließenden Polieren wird die Metallschicht von der Oberfläche der Zahlenscheibe entfernt, und Beschriftungen kommen durch das in den Vertiefungen verbleibende Edelmetall besonders zur Geltung.

Das Verfahren zur Herstellung zweifarbiger Cerachrom-Zahlenscheiben, wie sie bei der GMT-Master II verwendet werden, besteht darin, einen Teil der zunächst einfarbigen Scheibe nachträglich umzuwandeln. So wird bei der blau-schwarzen Zahlenscheibe das Blau in Schwarz umgewandelt, während bei der rot-blauen Zahlenscheibe das Rot in Blau geändert wird. Hierzu wird die Hälfte der Zahlenscheibe vor dem Sintern mit einer wässrigen Lösung imprägniert. Während dieser Wärmebehandlung verdichtet sich die Keramik, und die zugegebenen Verbindungen reagieren mit der Grundsubstanz der Cerachrom-Zahlenscheibe, wodurch sich im Anschluss der ursprüngliche Farbton in einer Hälfte der Scheibe verwandelt.

Haarscharf getrennt erscheinen die Farbfelder der Cerachrom-Lünette.

10

Bänder und Schließen

AUSTERN, JUBILÄEN, PRÄSIDENTEN

Die Qualität der Rolex-Gliederbänder hat sich in den letzten 15 Jahren spürbar verbessert – nicht, dass die Edelstahl- und Goldbänder zuvor mit schlechter Verarbeitung oder Funktionsdefiziten aufgefallen wären. Aber in puncto Fertigungstoleranzen hat sich im dritten Jahrtausend einiges getan, und auch die Ansprüche der Kunden an den Tragekomfort sind deutlich gestiegen. Klappern wird nicht mehr toleriert.

Man unterscheidet in der Rolex-Nomenklatur zwischen dem seit den 1930er Jahren verwendeten dreireihigen Oyster-Band, das zur Grundausstattung der meisten «Tool Watches» zählt, und dem fünfreihigen Jubilee-Band, das 1945 zur Einführung der Datejust vorgestellt wurde. Das raffinierte President-Band mit seinen abgerundeten Elementen wurde 1956 mit der Day-Date eingeführt und ist noch heute diesem Modell sowie einigen Datejust-Varianten vorbehalten. Es ist ausschließlich in Edelmetall erhältlich und wird mit einer verdeckten Crownclasp-Schließe ausgestattet. Das fünfreihige Pearlmaster-Band (seit 1992) ist übrigens ganz ähnlich konzipiert.

Für jedes Armband wurden eigene Faltschließen entwickelt, die einen sicheren Verschluss bieten und den höchsten Anforderungen an Tragekomfort und Ergonomie genügen. Ihre Zuverlässigkeit wird in Zehntausenden von Öffnungs- und Schließvorgängen getestet.

Die Oysterclasp-Schließe mit ihren ausklappbaren Verlängerungselementen verfügt in ihrer neuesten Ausführung über einen zweigeteilten Korpus, dessen vordere Kante wie ein Hebel wirkt und das Öffnen vereinfacht. Die Oysterlock-Schließe ist mit einem zusätzlichen Sicherungsbügel versehen, der unbeabsichtigtes Öffnen verhindert. Die Crownclasp-Schließe ist in der neuesten Ausführung diskret unter einem kleinen Hebel in Form der Rolex-Krone versteckt. Sie wird bei den President- und Pearlmaster-Bändern sowie bei gewissen Jubilee-Bändern eingesetzt. Das Glidelock-System zur Feineinstellung erlaubt eine fein abgestufte Verlängerung des Armbandes um bis zu 20 mm über eine unter der Abdeckung der Schließe angebrachte Zahnschiene und wird bei den Taucheruhrmodellen Submariner, Sea-Dweller und Deepsea eingesetzt.

PETER BRAUN

In die Schließenklappe integrierte Feinverstellung: Glidelock.

Die Oysterclasp-Schließe verfügt über einen Sicherheits-Überwurf und ein klappbares Verlängerungsglied.

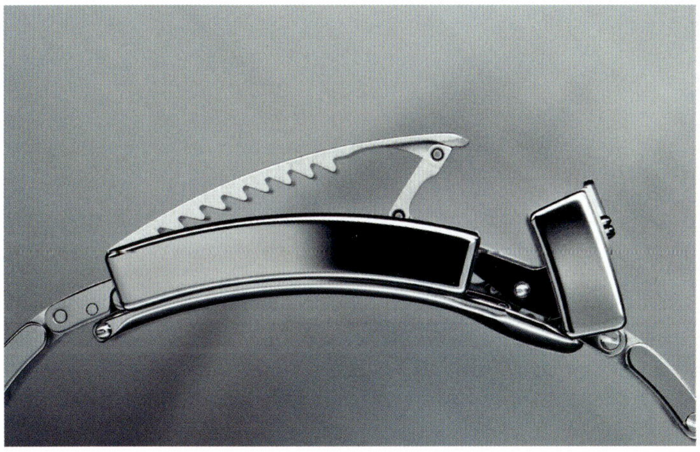

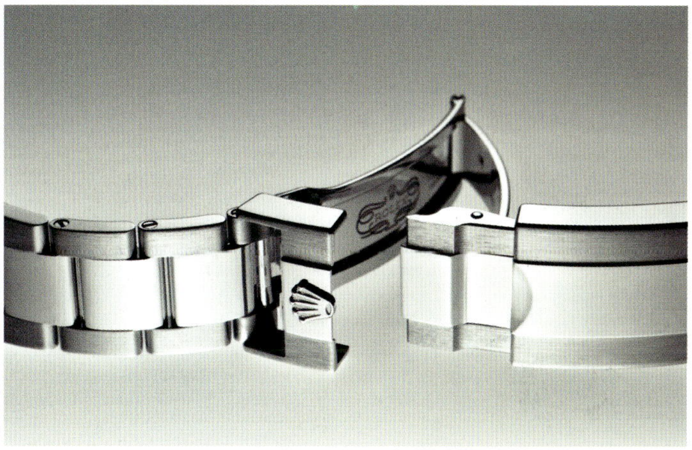

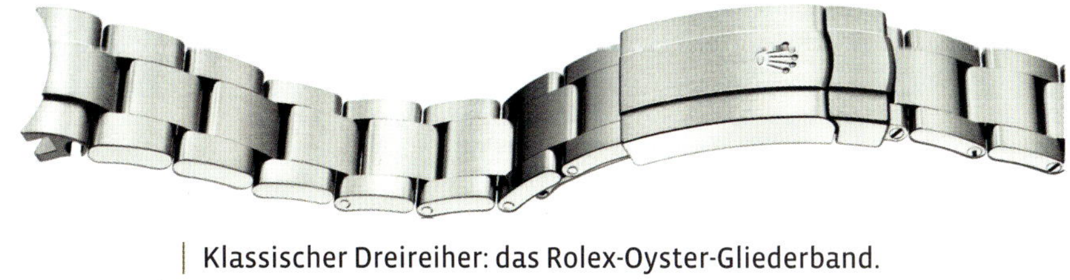

Klassischer Dreireiher: das Rolex-Oyster-Gliederband.

Die eleganten Pearlmaster-Modelle verfügen über ein eigenes Armbanddesign.

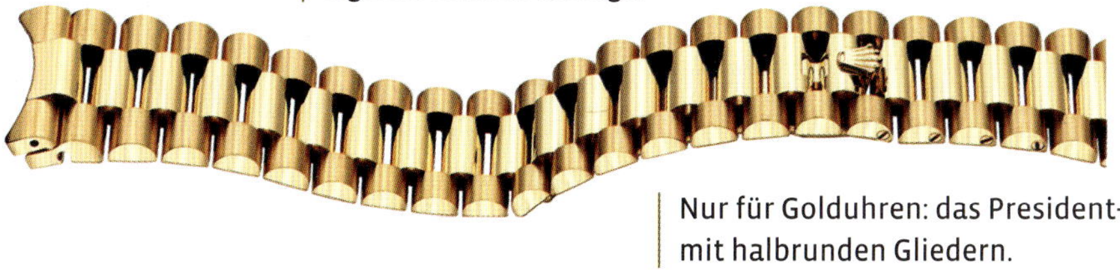

Nur für Golduhren: das President-Band mit halbrunden Gliedern.

GENEVA
ROLEX
POS. + TEMP.

Neue

Zeitrechnung

Ein um 15 % höherer Wirkungsgrad in der Hemmung, 50 % mehr Gangreserve, 90 % neu entwickelte Teile und satte 100 % mehr Ganggenauigkeit als die Chronometerprüfung der COSC fordert: Mit dem Kaliber 3255 begann 2015 eine neue Zeitrechnung für das Unternehmen.

Die neue Kaliberfamilie 3200 ist inzwischen zur Standardausstattung der Oyster-Perpetual-Modellreihen avanciert. In der Abbildung das Kaliber 3255 mit simultan schaltender Datums- und Wochentagsanzeige.

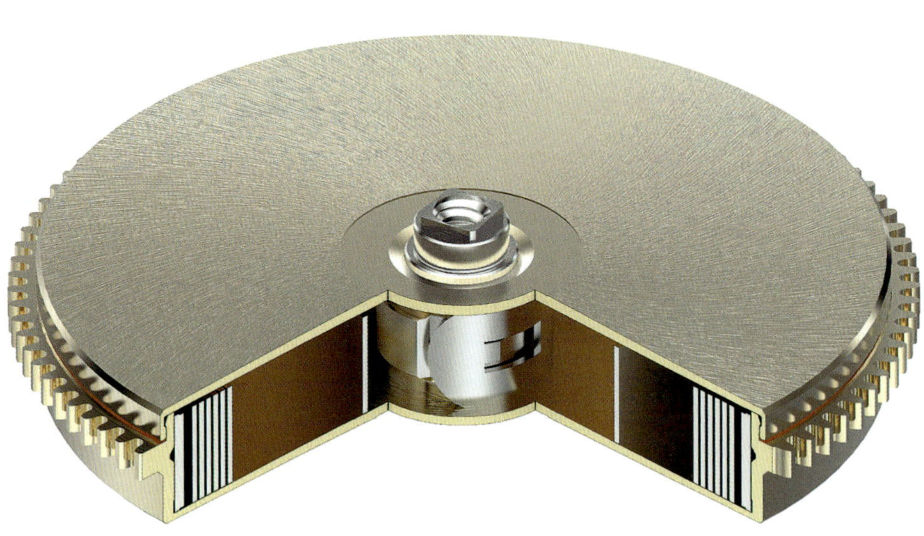

Das erste Rolex-Modell, das mit dem Kaliber 3255 ausgestattet wurde, war 2015 die Oyster Perpetual Day-Date 40.

Das besonders dünnwandige Federhaus bietet einer längeren Aufzugsfeder Platz. So wächst die Gangreserve auf fast drei Tage.

Die ganggenauen, zuverlässigen, wartungsarmen und langlebigen Automatikwerke haben seit über 100 Jahren einen maßgeblichen Anteil am guten Ruf der Armbanduhren mit der Krone im Signet. Bereits in den 1920er Jahren bewies Rolex, dass sich auch mit kleinen Uhrwerken Chronometer-Gangwerte erzielen lassen, und dank wasserdicht verschraubtem Gehäuseboden und Kronentubus wurde diese Präzision bald von keinen äußeren Störfaktoren mehr behelligt. Als 1931 dann auch noch der beidseitig wirkende automatische Rotoraufzug mit einfachem Wechselgetriebe störungsfrei funktionierte, war der Prototyp der modernen Armbanduhr geschaffen.

Die Rolex Oyster («Auster») entwickelte sich von da an nur noch im Detail weiter – ebenso wie ihr Uhrwerk, das von der autonom agierenden Bieler Firma Aegler produziert wurde. Diese wurde zwar schon vor langer Zeit in Rolex Manufacture umbenannt, doch ein integraler Bestandteil der Firma Rolex wurde die Werkefabrik erst 2004, kurz vor dem 100. Geburtstag der längst weltberühmten Marke.

NEUENTWICKLUNG

Das auf der BASELWORLD 2015 vorgestellte Kaliber 3255 ist das erste Uhrwerk des vereinigten Unternehmens und nach dem Chronographenkaliber 4130 aus dem Jahr 2000 das erste von Grund auf neu konstruierte Automatikwerk der Marke Rolex. Über kurz oder lang wird eine ganze Kaliberfamilie 3200 entstehen, die Zug um Zug die trotz ständiger Verbesserungen langsam in die Jahre gekommenen Automaten der Kaliberfamilie 3100 ablöst.

Die großen Herausforderungen an die Architekten der neuen Uhren-Zeit heißen hoher Wirkungsgrad, große Gangreserve, absolute Gangpräzision und maximale Unempfindlichkeit gegen Magnetismus. Die Rolex-Ingenieure taten das einzig Richtige und begannen ihre Arbeit mit einem weißen Blatt Papier.

Der Durchmesser des Uhrwerks wurde minimal vergrößert (von 28,5 auf 29,1 mm), die Bauhöhe konnte durch Einsparungen im Wechselgetriebe und den Verzicht auf eine zusätzliche Schwermetallwange am Aufzugsrotor von sechs auf etwas über fünf Millimeter gesenkt werden.

Vierzehn Patente schützen die innovativen konstruktiven Details, die in ihrer Summe nicht nur die Gangreserve erhöhen, sondern durch die effizientere Hemmung und das reibungsoptimierte Räderwerk auch die Gangpräzision verbessern.

DIE CHRONERGY-HEMMUNG

Das Herzstück der Neukonstruktion ist die unter dem Namen Chronergy patentierte Hemmung, die zwar auf dem Prinzip der Schweizer Ankerhemmung basiert, aber dank neuer Geometrie und konsequenten Leichtbaus einen um 15 % höheren Wirkungsgrad aufweist. Der Zugewinn an Impulskraft fällt jedoch deutlich größer aus, weil die konventionelle Ankerhemmung nur etwa ein Drittel der vom Federhaus eingespeisten Energie an Unruh und Spirale weitergibt. Dadurch zeichnet die Hemmung für fast die Hälfte der Erhöhung der Gangreserve des Uhrwerks verantwortlich. Die andere Hälfte steuert ein hochpräzise gearbeitetes Federhaus mit um 50 % reduzierter Wandstärke bei: Es bietet Platz für eine längere Feder, die zusätzlich mehr als zehn Stunden Gangreserve speichert.

Anker und Ankerrad, die filigranen Schlüsselbauteile der Chronergy-Hemmung, sind im LiGA-Verfahren (elektrogalvanische Abformung) aus einer Nickel-Phosphor-Legierung gefertigt und dadurch unempfindlich gegenüber Magnetfeldern. Die Rubinpaletten des Ankers messen 0,125 Millimeter und sind nur noch halb so breit bzw. schwer wie die der Vorgängergeneration, während die Kontaktfläche der Ankerradzähne verdoppelt wurde.

Die Unruh des Kalibers 3255 verfügt über eine bei Rolex hergestellte blaue Parachrom-Spirale aus einer patentierten Niob-Zirkon-Legierung. Die amagnetische Spirale verhält sich temperaturstabil und soll bis zu zehnmal unempfindlicher gegen Stöße sein als eine herkömmliche Spirale. Sie ist mit einer optimierten Breguet-Endkurve versehen, die einen besseren Isochronismus ihrer Schwingungen in allen Positionen gewährleistet.

Die große Unruh mit variabler Trägheit verfügt über vier Microstella-Muttern zur Feinregulierung. Dank ihrer überarbeiteten geometrischen Form und der präziseren Bearbeitung konnte ihr Wirkungsbereich um den Faktor 3 verbessert werden.

Das Schwingsystem (Unruh und Spirale) wird mit einer Paraflex-Stoßsicherung in einer beidseitig aufliegenden Unruhbrücke gehalten, die über ein optimiertes Höheneinstellungssystem verfügt.

OPTIMIERUNG VON RÄDERWERK UND AUTOMAT

Die Effizienz des Räderwerks wurde durch neue Zahnformen und Materialpaarungen optimiert. Rolex hat außerdem neue Schmiermittel entwickelt, die im eigenen Hause synthetisch hergestellt werden. Sie sollen sich durch längere Lebensdauer und höhere Langzeitbeständigkeit auszeichnen.

Das Kaliber 3255 verfügt über einen Aufzugsmechanismus der neuen Generation, der in der Lage ist, das neue leistungsstarke Federhaus schneller aufzuziehen. Das Wechslersystem wurde im Hinblick auf einen höheren Wirkungsgrad optimiert. Die nunmehr aus einem Stück gefertigte Monobloc-Rotorschwungmasse ist kugelgelagert und wird von einer zentralen Schraube gehalten.

Trotz der zahlreichen neuen Konstruktionsmerkmale und der modernen Architektur präsentiert sich das Kaliber 3255 als typisches Rolex-Uhrwerk. Selbstverständlich dürfen da die roten Umkehrräder im Aufzugsmechanismus nicht fehlen, obwohl diese heutzutage nicht mehr aus eloxiertem Duraluminium gefertigt sind.

Mit dem ersten Uhrwerk der neuen Generation setzt Rolex einen neuen Standard auf dem Gebiet der Ganggenauigkeit, der über die Kriterien des unabhängigen Schweizer Prüfbüros für Chronometer (COSC) hinausgeht. Die Marke hat neue Hightech Verfahren und -Geräte entwickelt, um die Genauigkeit ihrer «Superlative Chronometer» mit doppelt so strengen Toleranzen wie bei der COSC (+2/-2 Sekunden pro Tag statt +6/-4 Sekunden) und unter Bedingungen zu testen, die eine dem Alltag des Trägers eher entsprechende reale Situation simulieren. Rolex hat auf der Grundlage groß angelegter statistischer Untersuchungen zur Ermittlung der realen Bedingungen beim Tragen von Armbanduhren ein spezifisches Testprotokoll entwickelt. Diese exklusiven Tests ergänzen die offizielle Zertifizierung durch die COSC, der alle Rolex-Uhrwerke nach wie vor systematisch unterzogen werden. Sie erstrecken sich jedoch auf die gesamte fertig montierte Uhr nach dem Einschalen des Uhrwerks. ♛

PETER BRAUN

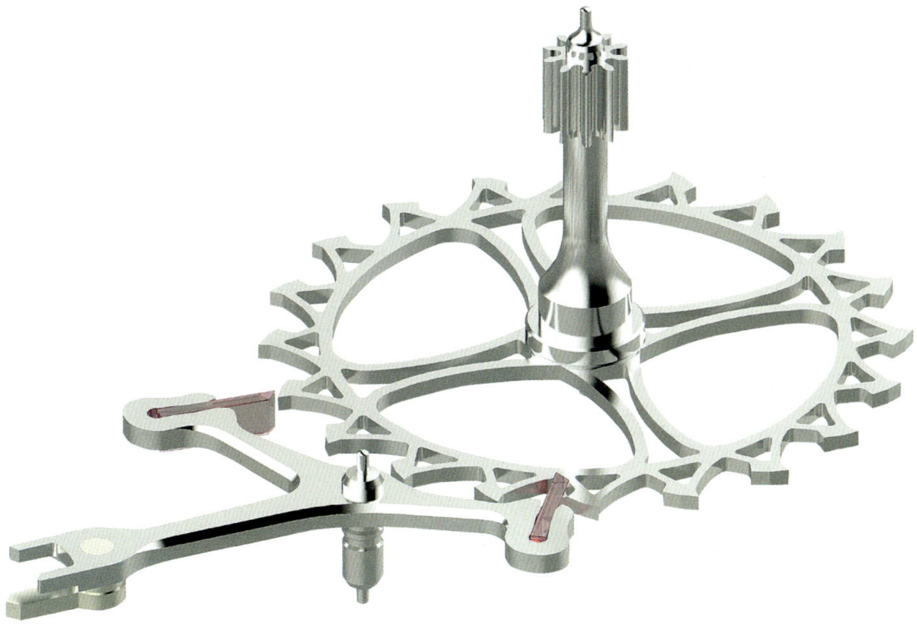

Anker und Ankerrad der Chronergy-Hemmung sind sehr schmal ausgeführt. Das LiGA-Produktionsverfahren ermöglicht filigrane Strukturen und dadurch ein geringes Eigengewicht.

Der Aufzugsmechanismus wirkt nach wie vor in beiden Drehrichtungen des Rotors, der inzwischen aus nur einem Stück gefertigt ist.

Die aktuellen

Automatik-werke

Der Umbau der Rolex-Kaliberpalette ist fast abgeschlossen. Die erfolgreichen Neuentwicklungen der Werkserie 3200 ebneten den Weg für neue Konstruktionen. In absehbarer Zeit werden sämtliche Kaliberfamilien auf die neuen Standards umgerüstet sein.

Mit dem Kaliber 3255 begann 2015 eine neue Zeitrechnung für das Unternehmen. Die Neuentwicklung zur Ablösung der altgedienten 3100er-Kaliberfamilie besticht mit einem um 15 % höheren Wirkungsgrad in der Hemmung, 50 % mehr Gangreserve, 90 % neu entwickelten Teilen und satten 100 % mehr Ganggenauigkeit, als die Chronometerprüfung der COSC fordert.

Schon ein Jahr zuvor, 2014, war das Kaliber 9001 mit technisch brillantem Jahreskalender und zweiter Zeitzone im 24-Stunden-Format vorgestellt worden, das allerdings wie das Chronographenwerk Kaliber 4130 (und dessen Derivat 4161 mit Rückwärtszähler) noch auf traditioneller Rolex-Uhrwerktechnik basiert.

Traditionell heißt hier unter Verzicht auf neue synthetische Materialien, ohne Einsatz spezieller Verzahnungsprofile und ohne Lightweight-Federhaus. Die Glucydur-Unruh mit der über Microstella-Schrauben verstellbaren Masseträgheit und die blaue Parachrom-Spirale sind hingegen seit einigen Jahren etabliert und tragen zweifelsohne ihren Teil zu den sehr guten Gangwerten der Rolex-Manufakturwerke bei.

STEIGENDE ANFORDERUNGEN

Vierzehn Patente schützen die innovativen konstruktiven Details, die in ihrer Summe nicht nur die Gangreserve erhöhen, sondern durch die effizientere Hemmung und das reibungsoptimierte Räderwerk auch die Ganggenauigkeit verbessern. Mit der neuen Kalibergeneration 3235/3255 setzt Rolex einen neuen Standard auf dem Gebiet der Gangpräzision, der über die Kriterien der unabhängigen Schweizer Prüfstelle für Chronometer (COSC) hinausgeht. Die Marke hat neue Hightech-Verfahren und -Geräte entwickelt, um die Genauigkeit ihrer «Superlative Chronometer» mit doppelt so strengen Toleranzen wie bei der COSC (+2/-2 Sekunden pro Tag statt +6/-4 Sekunden) und unter Bedingungen zu testen, die eine dem Alltag des Trägers eher entsprechende reale Situation simulieren. Rolex hat auf der Grundlage groß angelegter statistischer Untersuchungen zur Ermittlung der realen Bedingungen beim Tragen von Armbanduhren ein spezifisches Testprotokoll entwickelt. Diese exklusiven Tests ergänzen die offizielle Zertifizierung durch die COSC, der alle Rolex-Uhrwerke nach wie vor systematisch unterzogen werden. Sie erstrecken sich jedoch auf die gesamte fertig montierte Uhr nach dem Einschalen des Uhrwerks.

Auf den nachfolgenden Seiten geben wir Ihnen einen Überblick über die aktuell verwendeten Kaliber, die sich verschiedenen Generationen zurechnen lassen. Das Kaliber 9002 gehört wie die beiden Chronographen (4131 und 4161) zu den Neukonstruktionen des 21. Jahrhunderts. Das Kaliber 2236 ist schon «modernisiert», und die Kaliber-Zwillinge 3235/3255 weisen ganz klar den Weg in die Zukunft.

KALIBER 2236

Automatik; einfaches Federhaus, Gangreserve 55 Std.; geprüfter Chronometer (COSC)

FUNKTIONEN: Stunden, Minuten, Zentralsekunde; Datum (springend)
DURCHMESSER: 20 mm
HÖHE: 5,95 mm
STEINE: 31
UNRUH: Glucydur mit Microstella-Reguliermuttern
SCHLAGZAHL: 28.800 A/h
SPIRALE: Syloxi-Flachspirale
STOSSSICHERUNG: Paraflex
BEMERKUNG: verwendet im Modell Yachtmaster 37 oder Lady Datejust (Abb.)

KALIBER 7140

Automatik; optimierte Chronergy-Hemmung, Anker und Ankerrad im LiGA-Verfahren aus Nickel-Phosphor gefertigt; einfaches Federhaus, Gangreserve 66 Std.; geprüfter Chronometer (COSC)

FUNKTIONEN: Stunden, Minuten, Kleine Sekunde
DURCHMESSER: 28,5 mm
HÖHE: 4,05 mm
STEINE: 38
UNRUH: Glucydur mit Microstella-Reguliermuttern
SCHLAGZAHL: 28.800 A/h
SPIRALE: Parachrom-Spirale
STOSSSICHERUNG: Paraflex
BEMERKUNG: verwendet im Modell Perpetual 1908

KALIBER 3230

Automatik; optimierte Chronergy-Hemmung, Anker und Ankerrad im LiGA-Verfahren aus Nickel-Phosphor gefertigt; einfaches Federhaus, Gangreserve 70 Std.; geprüfter Chronometer (COSC)

FUNKTIONEN: Stunden, Minuten, Zentralsekunde
DURCHMESSER: 29,1 mm
HÖHE: 5,4 mm
STEINE: 31
UNRUH: Glucydur mit Microstella-Reguliermuttern
SCHLAGZAHL: 28.800 A/h
SPIRALE: Parachrom-Breguet-Spirale
STOSSSICHERUNG: Paraflex
BEMERKUNG: verwendet u. a. im Modell Explorer (Abb.) und Air-King

KALIBER 3235

Automatik; optimierte Chronergy-Hemmung, Anker und Ankerrad im LiGA-Verfahren aus Nickel-Phosphor gefertigt; einfaches Federhaus, Gangreserve 70 Std.; geprüfter Chronometer (COSC)

FUNKTIONEN: Stunden, Minuten, Zentralsekunde; Datum (springend)
DURCHMESSER: 29,1 mm
HÖHE: 5,4 mm
STEINE: 31
UNRUH: Glucydur mit Microstella-Reguliermuttern
SCHLAGZAHL: 28.800 A/h
SPIRALE: Parachrom-Breguet-Spirale
STOSSSICHERUNG: Paraflex
BEMERKUNG: verwendet u. a. im Modell Yacht-Master 42

KALIBER 3255

Automatik; optimierte Chronergy-Hemmung, Anker und Ankerrad im LiGA-Verfahren aus Nickel-Phosphor gefertigt; einfaches Federhaus, Gangreserve 70 Std.; geprüfter Chronometer (COSC)

FUNKTIONEN: Stunden, Minuten, Zentralsekunde; Datum und Wochentag (beide springend)
DURCHMESSER: 29,1 mm
HÖHE: 5,4 mm
STEINE: 31
UNRUH: Glucydur mit Microstella-Reguliermuttern
SCHLAGZAHL: 28.800 A/h
SPIRALE: Parachrom-Breguet-Spirale
STOSSSICHERUNG: Paraflex
BEMERKUNG: verwendet u. a. im Modell Day-Date 40

KALIBER 3285

Automatik; optimierte Chronergy-Hemmung, Anker und Ankerrad im LiGA-Verfahren aus Nickel-Phosphor gefertigt; einfaches Federhaus, Gangreserve 70 Std.; geprüfter Chronometer (COSC)

FUNKTIONEN: Stunden (per Krone schrittweise schaltbar), Minuten, Zentralsekunde; zusätzliche 24-Std.-Anzeige; Datum
DURCHMESSER: 28,5 mm
HÖHE: 6,4 mm
STEINE: 31
UNRUH: Glucydur mit Microstella-Reguliermuttern
SCHLAGZAHL: 28.800 A/h
SPIRALE: Parachrom-Spirale
STOSSSICHERUNG: Paraflex
BEMERKUNG: verwendet u. a.im Modell GMT-Master II (Abb.) und Explorer II

KALIBER 4131

Automatik; optimierte Chronergy-Hemmung, Anker und Ankerrad im LiGA-Verfahren aus Nickel-Phosphor gefertigt; einfaches Federhaus, Gangreserve 72 Std.; geprüfter Chronometer (COSC)

FUNKTIONEN: Stunden, Minuten, Kleine Sekunde; Chronograph
DURCHMESSER: 30,5 mm
HÖHE: 6,5 mm
STEINE: 44
UNRUH: Glucydur mit Microstella-Reguliermuttern
SCHLAGZAHL: 28.800 A/h
SPIRALE: Parachrom-Breguet-Spirale
STOSSSICHERUNG: Kif
BEMERKUNG: verwendet im Modell Cosmograph Daytona

KALIBER 4132

Automatik; optimierte Chronergy-Hemmung, Anker und Ankerrad im LiGA-Verfahren aus Nickel-Phosphor gefertigt; einfaches Federhaus, Gangreserve 72 Std.; geprüfter Chronometer (COSC)

FUNKTIONEN: Stunden, Minuten, Kleine Sekunde; Chronograph mit 24-Std.-Totalisator
DURCHMESSER: 30,5 mm
HÖHE: 6,5 mm
STEINE: 44
UNRUH: Glucydur mit Microstella-Reguliermuttern
SCHLAGZAHL: 28.800 A/h
SPIRALE: Parachrom-Breguet-Spirale
STOSSSICHERUNG: Kif
BEMERKUNG: verwendet im Modell Cosmograph Daytona «Le Mans»

KALIBER 4161

Automatik; einfaches Federhaus, Gangreserve 72 Std.; geprüfter Chronometer (COSC)
BASISKALIBER: 4130

FUNKTIONEN: Stunden, Minuten, Kleine Sekunde; programmierbarer Regatta-Countdown mit Speicher
DURCHMESSER: 31,2 mm
HÖHE: 8,05 mm
STEINE: 42
UNRUH: Glucydur mit Microstella-Reguliermuttern
SCHLAGZAHL: 28.800 A/h
SPIRALE: Parachrom-Breguet-Spirale
STOSSSICHERUNG: Kif
BEMERKUNG: verwendet im Modell Yacht-Master II

KALIBER 9002

Automatik; optimierte Chronergy-Hemmung, Anker und Ankerrad im LiGA-Verfahren aus Nickel-Phosphor gefertigt; einfaches Federhaus, Gangreserve 72 Std.; geprüfter Chronometer (COSC)

FUNKTIONEN: Stunden, Minuten, Zentralsekunde; zusätzliche 24-Std.-Anzeige (zweite Zeitzone); Jahreskalender mit Datum, Monat
DURCHMESSER: 33 mm
HÖHE: 8 mm
STEINE: 40
UNRUH: Glucydur mit Microstella-Reguliermuttern
SCHLAGZAHL: 28.800 A/h
SPIRALE: Parachrom-Breguet-Spirale
STOSSSICHERUNG: Paraflex
BEMERKUNG: verwendet im Modell Sky-Dweller

ROLEX

ROLEX
ROLEX

Armbanduhren von Rolex haben sich in den letzten Jahrzehnten bereits bei zahlreichen Expeditionen und Forschungsreisen behauptet. Ob in der Tiefe des Marianengrabens im Pazifischen Ozean oder auf den Höhen des Mount Everest im Himalaya – Rolex-Zeitmesser haben sämtliche Extreme unseres Planeten gemeistert. Mit der Initiative Perpetual Planet hat sich die Marke seinem Schutz verschrieben.

DIE WELT VON ROLEX

Rolex Perpetual Sport

GEBALLTE PFERDESTÄRKEN

Rolex erfährt durch das Engagement in Spitzensport-Disziplinen wie Tennis, Golf und Segeln weltweit große Aufmerksamkeit. Auch im Motor- und Reitsport ist Rolex eine Institution, ob man die Formel 1 oder den CHIO Aachen verfolgt. Die Genfer Krone ist allgegenwärtig!

MIT 1 PFERDESTÄRKE

Jedes Jahr im Sommer findet in Aachen das Reitsportturnier CHIO statt, das internationale Bedeutung besitzt. Es ist eine der zahlreichen Veranstaltungen im Pferdesport, die Rolex als Hauptsponsor unterstützt. Das Springreitturnier ist ein Teil der begehrtesten Auszeichnung in der gesamten Welt des Pferdesports: Der Rolex Grand Slam of Show Jumping vereint die vier großen Springreitturniere in Aachen (Deutschland), Spruce Meadows (Kanada), Genf (Schweiz) und 's-Hertogenbosch (Niederlande). Die spektakulären Preisgelder für diese Turniere belaufen sich bereits auf insgesamt über fünf Millionen Euro. Ein Reiter, der zwei Turniere hintereinander gewinnt, erhält 500.000 Euro zusätzlich. Bei drei und vier Siegen hintereinander wird

Marcus Ehning auf seinem Pferd Stargold beim CHIO Aachen 2023. Links das 24-Stunden-Rennen in Daytona, unten der Concours d'Elegance in Pebble Beach und die Formel 1 in Abu Dhabi.

sogar jeweils eine weitere Million Euro ausgeschrieben.

Neben bedeutenden Springreiterinnen und Springreitern wie Meredith Michaels-Beerbaum oder Daniel Deusser, die sich mit ihren Pferden in waghalsigen Sprüngen und auf Zeit durch einen Hindernisparcours navigieren, unterstützt Rolex auch Dressurreiterinnen wie beispielsweise Isabel Werth, die schon viele Wettbewerbe für sich entscheiden konnte.

MIT 1000 PFERDESTÄRKEN

Physikalisch gesehen ist PS als Maßeinheit eigentlich ein unsinniges Konstrukt, und ein Pferd ist im Übrigen deutlich kräftiger als eine Pferdestärke. Dennoch bleibt es wohl unbestritten, dass unter einer Motorhaube mehr Leistung als unter einem Springreiter steckt.

Aus der Formel 1 ist Rolex nicht mehr wegzudenken. Die grünen Banner mit gelber Krone und Markenschriftzug säumen die Rennstrecken auf der ganzen Welt und verleihen der Genfer Uhrenmanufaktur größte Sichtbarkeit. Seit 2013 ist Rolex offizieller Partner der Königsklasse des Motorsports und fungiert zusätzlich natürlich als Zeitgeber. Doch das Engagement im Motorsport begann schon in den 1930er Jahren und ist seit jeher ein bedeutender Teil der Markenidentität.

So ist der begehrte Chronograph im Sortiment der Marke nicht zufällig nach einer Rennstrecke benannt. Rolex ist Partner der FIA World Endurance Championship (WEC) und der drei größten internationalen Langstreckenrennen: den 24 Stunden von Daytona, den 12 Stunden von Sebring und den 24 Stunden von Le Mans. Auch bei herausragenden Oldtimer-Veranstaltungen, wie dem Concours d'Elegance von Pebble Beach in Kalifornien oder dem Goodwood Revival in England, ist Rolex als Sponsor vor Ort.

Rolex Perpetual Planet

DEM SCHUTZ DER NATUR VERPFLICHTET

Ob die Wiederansiedlung von Jaguaren im Sumpfgebiet Esteros del Iberá im Norden Argentiniens, die Aufforstung von Korallenriffen in Französisch-Polynesien oder der Schutz von Biodiversität vor der Küste Sardiniens, Rolex unterstützt weltweite Bemühungen zum Schutz des Planeten.

SEALEGACY

Die jüngsten Mitglieder der Initiative SeaLegacy sind die Meeresbiologen und Fotografen Christine Mittermeier und Paul Nicklen. Die beiden haben in Zusammenarbeit mit dem Filmemacher Andy Mann 2014 die gemeinnützige Organisation gegründet, die es sich zur Aufgabe gemacht hat, auf die Gefahren und Lösungen für gesunde Ozeane aufmerksam zu machen.

Dabei ist es auf über 45 Expeditionen gelungen, mehr als 765 Tierarten in ihren natürlichen Lebensräumen auf der ganzen Welt zu fotografieren und Missstände aufzudecken sowie die Bemühungen um ihren Schutz publik zu machen. Steigende Wassertemperaturen, die zum Abschmelzen der Polkappen und zum Korallensterben führen, sind ernste Probleme, die weitreichende Auswirkungen auf die Menschheit haben werden.

Mit einem neuen Ansatz, der sich darauf konzentriert, die Schönheit der maritimen Lebensräume einzufangen, möchte SeaLegacy ein Bewusstsein dafür schaffen, wie schützenswert unsere Weltmeere sind. Nicht nur tierische Meeresbewohner wie Wale, Rochen oder Seelöwen werden dabei thematisiert, sondern ebenso die Menschen, die an der Küste von und mit dem Meer leben.

Und das Konzept kommt gut an! Die drei Gründer erreichen über ihren gemeinsamen Kanal SeaLegacy mit ihren mitreißenden Geschichten, Bildern und Videos allein auf Instagram über zehn Millionen Follower und verleihen dem Meeresschutz damit eine laute Stimme.

GREAT SPINE OF AFRICA

Rolex unterstützt die Expeditionsreihe «Great Spine of Africa» von Steve Boyes und seinem Team aus lokalen Wissenschaftlern und Helfern. Das ehrgeizige Projekt hat es sich zur Aufgabe gemacht, die Flussgebiete Afrikas, die von Bebauung und Waldrodung bedroht werden, zu erforschen und zu kartieren.

Das Foto links von Christine Mittermeier zeigt einen Galapagos-Seelöwen auf der Jagd. Die beiden anderen Motive illustrieren den unerforschten Fluss Lungwebungu in Angola (Fotos: Steve Boyes/Rolex).

Die Expedition beginnt an der Quelle des Flusses Lungwebungu, der sich in endlosen Mäandern durch das zentralafrikanische Angola schlängelt und in Sambia in den mächtigen Sambesi mündet, der auch durch Simbabwe und Mosambik fließt. Das Team unter der Leitung von Kerllen Costa aus Angola sammelt auf seiner 900 Kilometer langen Reise im Paddelboot Grunddaten über Temperaturen und Fließgeschwindigkeiten sowie angrenzende Ökosysteme und beheimatete Spezies. Die Messungen und Beobachtungen werden genau dokumentiert und sollen zukünftig in festen Zeitintervallen von fünf Jahren wiederholt werden, um etwaige Änderungen frühzeitig festzustellen. So soll das Fluss-System, das Hunderte Millionen von Menschen mit Wasser und Nahrung versorgt, bestmöglich geschützt werden. Auf der Expedition im größtenteils unberührten Lungwebungu-Tal wurden zudem rund 140 neue Tier- und Pflanzenarten entdeckt. Diese Etappe ist erst der Anfang der großen Expeditionsreihe, die wohl eine Lebensaufgabe für die involvierten Wissenschaftler darstellen wird.

TOBIAS SCHAEFER

Die Modelle der **aktuellen Kollektion**

ALLE PREISANGABEN STAND 1.10.2023

Die folgende Übersicht zeigt vorwiegend eine Auswahl der aktuellen Herrenuhren-Kollektion von Rolex mit einem Schwerpunkt auf den «Tool Watches».

Oyster Perpetual Submariner

REFERENZ: 124060

WERK: Automatik, Rolex Kaliber 3230; Ø 29,1 mm; 31 Steine; 28.800 A/h; Parachrom-Spirale, Paraflex-Stoßsicherung, Chronergy-Hemmung, Glucydur-Unruh mit Microstella-Reguliermuttern; Gangreserve 70 Std.; geprüfter Chronometer (COSC)

FUNKTIONEN: Stunden, Minuten, Zentralsekunde

GEHÄUSE: Edelstahl, Ø 41 mm, Höhe 12,5 mm; Lünette mit Keramikeinlage, einseitig drehbar, mit 60er-Teilung; Saphirglas; Krone verschraubbar; wasserdicht bis 30 bar

BAND: Oyster Edelstahl, Faltschließe, mit Verlängerungsglied

PREIS: € 8950,–

Oyster Perpetual Submariner Date

REFERENZ: 126610LV

WERK: Automatik, Rolex Kaliber 3230; Ø 29,1 mm; 31 Steine; 28.800 A/h; Parachrom-Spirale, Paraflex-Stoßsicherung, Chronergy-Hemmung, Glucydur-Unruh mit Microstella-Reguliermuttern; Gangreserve 70 Std.; geprüfter Chronometer (COSC)

FUNKTIONEN: Stunden, Minuten, Zentralsekunde; Datum

GEHÄUSE: Edelstahl, Ø 41 mm, Höhe 12,5 mm; Lünette mit Keramikeinlage, einseitig drehbar, mit 60er-Teilung; Saphirglas; Krone verschraubbar; wasserdicht bis 30 bar

BAND: Oyster Edelstahl, Faltschließe, mit Verlängerungsglied

PREIS: € 10.600,–

Oyster Perpetual Submariner Date

REFERENZ: 126618LB

WERK: Automatik, Rolex Kaliber 3230; Ø 29,1 mm; 31 Steine; 28.800 A/h; Parachrom-Spirale, Paraflex-Stoßsicherung, Chronergy-Hemmung, Glucydur-Unruh mit Microstella-Reguliermuttern; Gangreserve 70 Std.; geprüfter Chronometer (COSC)

FUNKTIONEN: Stunden, Minuten, Zentralsekunde; Datum

GEHÄUSE: Gelbgold, Ø 41 mm, Höhe 12,5 mm; Lünette mit Keramikeinlage, einseitig drehbar, mit 60er-Teilung; Saphirglas; Krone verschraubbar; wasserdicht bis 30 bar

BAND: Oyster Gelbgold, Faltschließe, mit Verlängerungsglied

PREIS: € 38.300,–

VARIANTEN: in Weißgold (€ 41.200,–)

Oyster Perpetual Sea-Dweller

REFERENZ: 126603

WERK: Automatik, Rolex Kaliber 3235; Ø 29,1 mm; 31 Steine; 28.800 A/h; Parachrom-Spirale, Paraflex-Stoßsicherung, Chronergy-Hemmung, Glucydur-Unruh mit Microstella-Reguliermuttern; Gangreserve 70 Std.; geprüfter Chronometer (COSC)

FUNKTIONEN: Stunden, Minuten, Zentralsekunde; Datum

GEHÄUSE: Edelstahl, Ø 43 mm, Höhe 13,8 mm; Lünette in Gelbgold mit Keramikeinlage, einseitig drehbar, mit 60er-Teilung; Saphirglas; Krone verschraubbar, Heliumventil; wasserdicht bis 122 bar

BAND: Oyster Edelstahl mit Gelbgoldelementen, Faltschließe, mit Sicherheitsbügel, mit Verlängerungsglied, mit Feinverstellung

PREIS: € 17.700,–

VARIANTEN: in Edelstahl (€ 13.000,–)

Oyster Perpetual Deepsea

REFERENZ: 136660

WERK: Automatik, Rolex Kaliber 3235; Ø 29,1 mm; 31 Steine; 28.800 A/h; Parachrom-Spirale, Paraflex-Stoßsicherung, Chronergy-Hemmung, Glucydur-Unruh mit Microstella-Reguliermuttern; Gangreserve 70 Std.; geprüfter Chronometer (COSC)

FUNKTIONEN: Stunden, Minuten, Zentralsekunde; Datum

GEHÄUSE: Edelstahl, Ø 44 mm; Lünette mit Keramikeinlage, einseitig drehbar, mit 60er-Teilung; Saphirglas; Krone verschraubbar, Heliumventil; wasserdicht bis 390 bar

BAND: Oyster Edelstahl, Faltschließe, mit Sicherheitsbügel, mit Verlängerungsglied, mit Feinverstellung

PREIS: € 14.210,–

Oyster Perpetual Deepsea Challenge

REFERENZ: 126067

WERK: Automatik, Rolex Kaliber 3230; Ø 29,1 mm; 31 Steine; 28.800 A/h; Parachrom-Spirale, Paraflex-Stoßsicherung, Chronergy-Hemmung, Glucydur-Unruh mit Microstella-Reguliermuttern; Gangreserve 70 Std.; geprüfter Chronometer (COSC)

FUNKTIONEN: Stunden, Minuten, Zentralsekunde

GEHÄUSE: Titan RLX, Ø 50 mm, Höhe 13,3 mm; Lünette mit Keramikeinlage, einseitig drehbar, mit 60er-Teilung; Saphirglas; Krone verschraubbar, Heliumventil; wasserdicht bis 1100 bar

BAND: Oyster Titan RLX, Faltschließe, mit Verlängerungsglied

PREIS: € 25.600,–

Oyster Perpetual Yacht-Master 37

REFERENZ: 268621

WERK: Automatik, Rolex Kaliber 2236; Ø 20 mm; 31 Steine; 28.800 A/h; Syloxi-Flachspirale; Gangreserve 55 Std.; geprüfter Chronometer (COSC)

FUNKTIONEN: Stunden, Minuten, Zentralsekunde; Datum

GEHÄUSE: Edelstahl, Ø 37 mm; Lünette in Roségold, beidseitig drehbar, mit 60er-Teilung; Saphirglas; Krone verschraubbar; wasserdicht bis 10 bar

BAND: Oyster Edelstahl mit Roségoldelementen, Faltschließe, mit Sicherheitsbügel und Feinverstellung

PREIS: € 14.100,-

Oyster Perpetual Yacht-Master 40

REFERENZ: 226627

WERK: Automatik, Rolex Kaliber 3235; Ø 29,1 mm, Höhe 6 mm; 31 Steine; 28.800 A/h; Parachrom-Spirale, Paraflex-Stoßsicherung, Chronergy-Hemmung; Gangreserve 48 Std.; geprüfter Chronometer (COSC)

FUNKTIONEN: Stunden, Minuten, Zentralsekunde; Datum

GEHÄUSE: Roségold, Ø 40 mm, Höhe 11,3 mm; Lünette mit Keramikeinlage, beidseitig drehbar, mit 60er-Teilung; Saphirglas; Krone verschraubbar; wasserdicht bis 10 bar

BAND: Kautschuk Oysterflex, Faltschließe mit Feinverstellung

PREIS: € 28.350,-

Oyster Perpetual Yacht-Master 42

REFERENZ: 226627

WERK: Automatik, Rolex Kaliber 3235; Ø 29,1 mm, Höhe 6 mm; 31 Steine; 28.800 A/h; Parachrom-Spirale, Paraflex-Stoßsicherung, Chronergy-Hemmung; Gangreserve 48 Std.; geprüfter Chronometer (COSC)

FUNKTIONEN: Stunden, Minuten, Zentralsekunde; Datum

GEHÄUSE: Titan RLX, Ø 42 mm, Höhe 11,9 mm; Lünette mit Keramikeinlage, beidseitig drehbar, mit 60er-Teilung; Saphirglas; Krone verschraubbar; wasserdicht bis 10 bar

BAND: Titan RLX, Faltschließe mit Feinverstellung

PREIS: € 13.800,-

Oyster Perpetual Yacht-Master II

REFERENZ: 116681

WERK: Automatik, Rolex Kaliber 4161 (Basis Kaliber 4130); Ø 31,2 mm, Höhe 8,05 mm; 42 Steine; 28.800 A/h; Parachrom-Spirale, Glucydur-Unruh mit Microstella-Reguliermuttern; Gangreserve 72 Std.; geprüfter Chronometer (COSC)

FUNKTIONEN: Stunden, Minuten, Kleine Sekunde; programmierbarer Regatta-Countdown mit Speicher

GEHÄUSE: Edelstahl, Ø 44 mm, Höhe 13,8 mm; Lünette in Roségold mit Keramikeinlage, beidseitig drehbar; Saphirglas; Krone verschraubbar; wasserdicht bis 10 bar

BAND: Oyster Edelstahl mit Roségoldelementen, Faltschließe, mit Sicherheitsbügel, mit Verlängerungsglied

PREIS: € 24.900,-

VARIANTEN: in Gelbgold (€ 42.700,-); in Edelstahl (€ 18.350,-)

Oyster Perpetual Sky-Dweller

REFERENZ: 336239

WERK: Automatik, Rolex Kaliber 9002; Ø 33 mm, Höhe 8 mm; 40 Steine; 28.800 A/h; Parachrom-Spirale, Paraflex-Stoßsicherung, Glucydur-Unruh mit Microstella-Reguliermuttern; Gangreserve 72 Std.; geprüfter Chronometer (COSC)

FUNKTIONEN: Stunden, Minuten, Zentralsekunde; zusätzliche 24-Std.-Anzeige (zweite Zeitzone); Jahreskalender mit Datum, Monat

GEHÄUSE: Weißgold, Ø 42 mm, Höhe 14,1 mm; Lünette beidseitig drehbar zur Steuerung der Funktionen; Saphirglas; Krone verschraubbar; wasserdicht bis 10 bar

BAND: Kautschuk Oysterflex, Faltschließe mit Feinverstellung

PREIS: € 41.950,-

VARIANTEN: in Edelstahl/Weißgold mit Gliederband (€ 15.550,-); in Roségold

Oyster Perpetual Sky-Dweller

REFERENZ: 336933

WERK: Automatik, Rolex Kaliber 9002; Ø 33 mm, Höhe 8 mm; 40 Steine; 28.800 A/h; Parachrom-Spirale, Paraflex-Stoßsicherung, Glucydur-Unruh mit Microstella-Reguliermuttern; Gangreserve 72 Std.; geprüfter Chronometer (COSC)

FUNKTIONEN: Stunden, Minuten, Zentralsekunde; zusätzliche 24-Std.-Anzeige (zweite Zeitzone); Jahreskalender mit Datum, Monat

GEHÄUSE: Edelstahl, Ø 42 mm, Höhe 14,1 mm; Lünette in Gelbgold, beidseitig drehbar zur Steuerung der Funktionen; Saphirglas; Krone verschraubbar; wasserdicht bis 10 bar

BAND: Oyster Edelstahl mit Gelbgoldelementen, Faltschließe mit Feinverstellung

PREIS: € 18.950,-

VARIANTEN: mit schwarzem Zifferblatt

Oyster Perpetual GMT-Master II

REFERENZ: 126720VTNR

WERK: Automatik, Rolex Kaliber 3285; Ø 28,5 mm, Höhe 6,4 mm; 31 Steine; 28.800 A/h; Parachrom-Spirale, Paraflex-Stoßsicherung, Chronergy-Hemmung, Glucydur-Unruh mit Microstella-Reguliermuttern; Gangreserve 70 Std.; geprüfter Chronometer (COSC)

FUNKTIONEN: Stunden (per Krone schrittweise schaltbar), Minuten, Zentralsekunde; zusätzliche 24-Std.-Anzeige (zweite Zeitzone); Datum

GEHÄUSE: Edelstahl, Ø 40 mm, Höhe 13 mm; Lünette mit Keramikeinlage, beidseitig drehbar, mit 24er-Teilung; Saphirglas; Krone verschraubbar; wasserdicht bis 10 bar

BAND: Oyster Edelstahl, Faltschließe, mit Sicherheitsbügel, mit Verlängerungsglied

PREIS: € 11.000,–

Oyster Perpetual GMT-Master II

REFERENZ: 126710BLNR

WERK: Automatik, Rolex Kaliber 3285; Ø 28,5 mm, Höhe 6,4 mm; 31 Steine; 28.800 A/h; Parachrom-Spirale, Paraflex-Stoßsicherung, Chronergy-Hemmung, Glucydur-Unruh mit Microstella-Reguliermuttern; Gangreserve 70 Std.; geprüfter Chronometer (COSC)

FUNKTIONEN: Stunden (per Krone schrittweise schaltbar), Minuten, Zentralsekunde; zusätzliche 24-Std.-Anzeige (zweite Zeitzone); Datum

GEHÄUSE: Edelstahl, Ø 40 mm, Höhe 13 mm; Lünette mit Keramikeinlage, beidseitig drehbar, mit 24er-Teilung; Saphirglas; Krone verschraubbar; wasserdicht bis 10 bar

BAND: Jubilee Edelstahl, Faltschließe, mit Sicherheitsbügel, mit Verlängerungsglied

PREIS: € 10.500,–

Oyster Perpetual GMT-Master II

REFERENZ: 126711CHNR

WERK: Automatik, Rolex Kaliber 3285; Ø 28,5 mm, Höhe 6,4 mm; 31 Steine; 28.800 A/h; Parachrom-Spirale, Paraflex-Stoßsicherung, Chronergy-Hemmung; Gangreserve 70 Std.; geprüfter Chronometer (COSC)

FUNKTIONEN: Stunden (per Krone schrittweise schaltbar), Minuten, Zentralsekunde; zusätzliche 24-Std.-Anzeige (zweite Zeitzone); Datum

GEHÄUSE: Edelstahl, Ø 40 mm, Höhe 13 mm; Lünette in Roségold mit Keramikeinlage, beidseitig drehbar, mit 24er-Teilung; Saphirglas; Krone verschraubbar; wasserdicht bis 10 bar

BAND: Oyster Edelstahl mit Roségoldelementen, Faltschließe, mit Sicherheitsbügel, mit Verlängerungsglied

PREIS: € 15.900,–

Oyster Perpetual Cosmograph Daytona

REFERENZ: 126506

WERK: Automatik, Rolex Kaliber 4131; Ø 30,5 mm, Höhe 6,5 mm; 44 Steine; 28.800 A/h; Parachrom-Spirale, Paraflex-Stoßsicherung, Chronergy-Hemmung; Gangreserve 72 Std.; geprüfter Chronometer (COSC)

FUNKTIONEN: Stunden, Minuten, Kleine Sekunde; Chronograph

GEHÄUSE: Platin, Ø 40 mm, Höhe 12,8 mm; Lünette aus Cerachrom; Saphirglas; Boden mit Sichtfenster; Krone und Drücker verschraubbar; wasserdicht bis 10 bar

BAND: Oyster Platin, Faltschließe, mit Sicherheitsbügel, mit Verlängerungsglied

PREIS: € 76.400,–

Oyster Perpetual Cosmograph Daytona

REFERENZ: 126500LN

WERK: Automatik, Rolex Kaliber 4131; Ø 30,5 mm, Höhe 6,5 mm; 44 Steine; 28.800 A/h; Parachrom-Spirale, Paraflex-Stoßsicherung, Chronergy-Hemmung; Gangreserve 72 Std.; geprüfter Chronometer (COSC)

FUNKTIONEN: Stunden, Minuten, Kleine Sekunde; Chronograph

GEHÄUSE: Edelstahl, Ø 40 mm, Höhe 12,8 mm; Lünette aus Cerachrom; Saphirglas; Krone und Drücker verschraubbar; wasserdicht bis 10 bar

BAND: Oyster Edelstahl, Faltschließe, mit Sicherheitsbügel, mit Verlängerungsglied

PREIS: € 14.850,–

VARIANTEN: mit schwarzem ZB; in Gelbgold (€ 30.050,–)

Oyster Perpetual Cosmograph Daytona «Le Mans»

REFERENZ: 126529LN

WERK: Automatik, Rolex Kaliber 4132; Ø 30,5 mm, Höhe 6,5 mm; 44 Steine; 28.800 A/h; Parachrom-Spirale, Paraflex-Stoßsicherung, Chronergy-Hemmung; Gangreserve 72 Std.; geprüfter Chronometer (COSC)

FUNKTIONEN: Stunden, Minuten, Kleine. Sekunde; Chronograph

GEHÄUSE: Weißgold, Ø 40 mm, Höhe 12,8 mm; Lünette aus Cerachrom; Saphirglas; Krone und Drücker verschraubbar; wasserdicht bis 10 bar

BAND: Oyster Weißgold, Faltschließe, mit Sicherheitsbügel, mit Verlängerungsglied

BEMERKUNG: Sondermodell anlässlich 100 Jahre Le Mans mit 24-Std.-Totalisator

PREIS: auf Anfrage

Oyster Perpetual Explorer II

REFERENZ: 226570

WERK: Automatik, Rolex Kaliber 3285; Ø 28,5 mm; 31 Steine; 28.800 A/h; Parachrom-Spirale, Paraflex-Stoßsicherung, Chronergy-Hemmung, Glucydur-Unruh mit Microstella-Reguliermuttern; Gangreserve 70 Std.; geprüfter Chronometer (COSC)

FUNKTIONEN: Stunden (per Krone schrittweise schaltbar), Minuten, Zentralsekunde; zusätzliche 24-Std.-Anzeige (zweite Zeitzone); Datum

GEHÄUSE: Edelstahl, Ø 42 mm; Saphirglas; Krone verschraubbar; wasserdicht bis 10 bar

BAND: Oyster Edelstahl, Faltschließe, mit Verlängerungsglied

PREIS: € 9500,–

VARIANTEN: mit schwarzem Zifferblatt

Oyster Perpetual Explorer 40

REFERENZ: 224270

WERK: Automatik, Rolex Kaliber 3230; Ø 29,1 mm; 31 Steine; 28.800 A/h; Parachrom-Spirale, Paraflex-Stoßsicherung, Chronergy-Hemmung, Glucydur-Unruh mit Microstella-Reguliermuttern; Gangreserve 70 Std.; geprüfter Chronometer (COSC)

FUNKTIONEN: Stunden, Minuten, Zentralsekunde

GEHÄUSE: Edelstahl, Ø 40 mm; Saphirglas; Krone verschraubbar; wasserdicht bis 10 bar

BAND: Oyster Edelstahl, Faltschließe, mit Verlängerungsglied

PREIS: € 7500,–

Oyster Perpetual Air-King

REFERENZ: 126900

WERK: Automatik, Rolex Kaliber 3230; Ø 28,5 mm; 31 Steine; 28.800 A/h; Parachrom-Spirale, Paraflex-Stoßsicherung, Chronergy-Hemmung, Glucydur-Unruh mit Microstella-Reguliermuttern; Gangreserve 70 Std.; geprüfter Chronometer (COSC)

FUNKTIONEN: Stunden, Minuten, Zentralsekunde

GEHÄUSE: Edelstahl, Ø 40 mm, Höhe 11,6 mm; Saphirglas; Krone verschraubbar; wasserdicht bis 10 bar

BAND: Oyster Edelstahl, Faltschließe, mit Sicherheitsbügel, mit Verlängerungsglied

PREIS: € 7300,–

Oyster Perpetual Datejust 41

REFERENZ: 126300

WERK: Automatik, Rolex Kaliber 3235; Ø 29,1 mm; 31 Steine; 28.800 A/h; Parachrom-Spirale, Paraflex-Stoßsicherung, Chronergy-Hemmung, Glucydur-Unruh mit Microstella-Reguliermuttern; Gangreserve 70 Std.; geprüfter Chronometer (COSC)

FUNKTIONEN: Stunden, Minuten, Zentralsekunde; Datum

GEHÄUSE: Edelstahl, Ø 41 mm, Höhe 11,6 mm; Saphirglas; Krone verschraubbar; wasserdicht bis 10 bar

BAND: Jubilee Edelstahl, Faltschließe, mit Verlängerungsglied

PREIS: € 7950,–

Oyster Perpetual Datejust 41

REFERENZ: 126333

WERK: Automatik, Rolex Kaliber 3235; Ø 29,1 mm; 31 Steine; 28.800 A/h; Parachrom-Spirale, Paraflex-Stoßsicherung, Chronergy-Hemmung, Glucydur-Unruh mit Microstella-Reguliermuttern; Gangreserve 70 Std.; geprüfter Chronometer (COSC)

FUNKTIONEN: Stunden, Minuten, Zentralsekunde; Datum

GEHÄUSE: Edelstahl, Ø 41 mm, Höhe 11,6 mm; Lünette und Krone in Gelbgold; Saphirglas; Krone verschraubbar; wasserdicht bis 10 bar

BAND: Jubilee Edelstahl mit Gelbgoldelementen, Faltschließe, mit Verlängerungsglied

PREIS: € 14.100,–

Oyster Perpetual Datejust 41

REFERENZ: 126334

WERK: Automatik, Rolex Kaliber 3235; Ø 29,1 mm; 31 Steine; 28.800 A/h; Parachrom-Spirale, Paraflex-Stoßsicherung, Chronergy-Hemmung, Glucydur-Unruh mit Microstella-Reguliermuttern; Gangreserve 70 Std.; geprüfter Chronometer (COSC)

FUNKTIONEN: Stunden, Minuten, Zentralsekunde; Datum

GEHÄUSE: Edelstahl, Ø 41 mm, Höhe 11,6 mm; Lünette in Weißgold; Saphirglas; Krone verschraubbar; wasserdicht bis 10 bar

BAND: Jubilee Edelstahl, Faltschließe, mit Verlängerungsglied

PREIS: € 10.300,–

Oyster Perpetual Day-Date 40

REFERENZ: 228238

WERK: Automatik, Rolex Kaliber 3255; Ø 29,1 mm; Höhe 5,4 mm; 31 Steine; 28.800 A/h; Parachrom-Spirale, Paraflex-Stoßsicherung, Chronergy-Hemmung, Glucydur-Unruh mit Microstella-Reguliermuttern; Gangreserve 70 Std.; geprüfter Chronometer (COSC)

FUNKTIONEN: Stunden, Minuten, Zentralsekunde; Datum und Wochentag

GEHÄUSE: Gelbgold, Ø 40 mm, Höhe 11,6 mm; Saphirglas; Krone verschraubbar; wasserdicht bis 10 bar

BAND: Präsident Gelbgold, Faltschließe verdeckt

PREIS: € 37.900,-

VARIANTEN: in Weiß- oder Roségold (€ 38.700,-)

Oyster Perpetual Day-Date 40

REFERENZ: 228236

WERK: Automatik, Rolex Kaliber 3255; Ø 29,1 mm, Höhe 5,4 mm; 31 Steine; 28.800 A/h; Parachrom-Spirale, Paraflex-Stoßsicherung, Chronergy-Hemmung, Glucydur-Unruh mit Microstella-Reguliermuttern; Gangreserve 70 Std.; geprüfter Chronometer (COSC)

FUNKTIONEN: Stunden, Minuten, Zentralsekunde; Datum und Wochentag

GEHÄUSE: Platin, Ø 40 mm, Höhe 11,6 mm; Saphirglas; Krone verschraubbar; wasserdicht bis 10 bar

BAND: Präsident Weißgold, Faltschließe verdeckt

PREIS: € 62.200,-

Oyster Perpetual 41

REFERENZ: 124300

WERK: Automatik, Rolex Kaliber 3230; Ø 28,5 mm; 31 Steine; 28.800 A/h; Parachrom-Spirale, Paraflex-Stoßsicherung, Chronergy-Hemmung, Glucydur-Unruh mit Microstella-Reguliermuttern; Gangreserve 70 Std.; geprüfter Chronometer (COSC)

FUNKTIONEN: Stunden, Minuten, Zentralsekunde

GEHÄUSE: Edelstahl, Ø 41 mm, Höhe 11,8 mm; Saphirglas; Krone verschraubbar; wasserdicht bis 10 bar

BAND: Oyster Edelstahl, Faltschließe mit Feinverstellung

PREIS: € 6250,-

Perpetual 1908

REFERENZ: 52508

WERK: Automatik, Rolex Kaliber 7140; Ø 28,5 mm, Höhe 4,05 mm; 38 Steine; 28.800 A/h; Syloxi-Spirale, Paraflex-Stoßsicherung, Chronergy-Hemmung; Gangreserve 66 Std.; geprüfter Chronometer (COSC)

FUNKTIONEN: Stunden, Minuten, Kleine Sekunde

GEHÄUSE: Gelbgold, Ø 39 mm, Höhe 9,5 mm; Saphirglas; Boden mit Sichtfenster; wasserdicht bis 5 bar

BAND: Reptilleder, Doppelfaltschließe

PREIS: € 21.600,-

Perpetual 1908

REFERENZ: 52508

WERK: Automatik, Rolex Kaliber 7140; Ø 28,5 mm, Höhe 4,05 mm; 38 Steine; 28.800 A/h; Syloxi-Spirale, Paraflex-Stoßsicherung, Chronergy-Hemmung; Gangreserve 66 Std.; geprüfter Chronometer (COSC)

FUNKTIONEN: Stunden, Minuten, Kleine Sekunde

GEHÄUSE: Gelbgold, Ø 39 mm, Höhe 9,5 mm; Saphirglas; Boden mit Sichtfenster; wasserdicht bis 5 bar

BAND: Reptilleder, Doppelfaltschließe

PREIS: € 21.600,-

Perpetual 1908

REFERENZ: 52509

WERK: Automatik, Rolex Kaliber 7140; Ø 28,5 mm, Höhe 4,05 mm; 38 Steine; 28.800 A/h; Syloxi-Spirale, Paraflex-Stoßsicherung, Chronergy-Hemmung; Gangreserve 66 Std.; geprüfter Chronometer (COSC)

FUNKTIONEN: Stunden, Minuten, Kleine Sekunde

GEHÄUSE: Weißgold, Ø 39 mm, Höhe 9,5 mm; Saphirglas; Boden mit Sichtfenster; wasserdicht bis 5 bar

BAND: Reptilleder, Doppelfaltschließe

PREIS: € 22.900,-

VARIANTEN: mit weißem Zifferblatt

ROLEX
PERPETUAL
05
Air-King

IMPRESSUM

HEEL Verlag GmbH
Gut Pottscheidt, 53639 Königswinter
Tel.: 02223 9230-0, Fax: 02223 9230-26
info@heel-verlag.de
www.heel-verlag.de
www.armbanduhren-online.de

Herausgeber: Franz-Christoph Heel

Verantwortlich für den Inhalt:
Peter Braun (ChRed. ARMBANDUHREN)
Redaktionsanschrift: Friedrichsplatz 12,
68165 Mannheim
Tel.: 0621 712202
p.braun@heel-verlag.de

Autoren: Peter Braun, Martin Häußermann,
Dr. Harry Niemann, Iris Wimmer-Olbort,
Tobias Schaefer

Fotografien: Rolex, Jörg Hajt,
Martin Häußermann

Lektorat: Melanie Jaschob-Ahaus

Satz und Gestaltung:
Axel Mertens, HEEL Verlag GmbH

Objektleitung:
Sabine Blüm
HEEL Verlag GmbH
Gut Pottscheidt, 53639 Königswinter
Tel.: 02223 9230-27
s.bluem@heel-verlag.de

Leserservice:
ARMBANDUHREN-Leserservice
Heike Becker
Gut Pottscheidt, 53639 Königswinter
Tel.: 02223 9230-42
h.becker@heel-verlag.de

Vertrieb Deutschland:
DMV Der Medienvertrieb GmbH & Co. KG,
Meßberg 1, 20086 Hamburg
Tel.: 040 30191800
info@dermedienvertrieb.de

Vertrieb Schweiz:
Buchzentrum AG,
Industriestr. Ost 10, CH-4614 Hägendorf
Tel.: +41 62 209-2626, Fax: +41 62 209-2627
kundendienst@buchzentrum.ch

Vertrieb Österreich:
Mohr Morawa Buchvertrieb GmbH,
Sulzengasse 2, A-1230 Wien
Tel.: +43 1 68014-5, Fax: +43 1 6896800
bestellung@mohrmorawa.at

Druck: GZH d.o.o. (www.gzh.hr)

ISBN: 978-3-96664-762-5

ISSN: 1431-3677

Gerichtsstand: Königswinter

Datenschutzerklärung: ds.heel-verlag.de